别认真,请对号入座

梁刚 ◎ 编著

当代世界出版社

图书在版编目（CIP）数据

别认真，请对号入座 / 梁刚编著. -- 北京：当代世界出版社，2012.11

ISBN 978-7-5090-0860-7

Ⅰ.①别… Ⅱ.①梁… Ⅲ.①心理测验—通俗读物 Ⅳ.①B841.7-49

中国版本图书馆CIP数据核字（2012）第220875号

别认真，请对号入座

作　　者：	梁　刚
插画设计：	撤　职
出版发行：	当代世界出版社
地　　址：	北京市复兴路4号（100860）
网　　址：	http://www.worldpress.com.cn
编务电话：	（010）83908456
发行电话：	（010）83908410（传真）
	（010）83908409
	（010）83908423（邮购）
经　　销：	新华书店
印　　刷：	三河市祥达印装厂
开　　本：	730mm×960mm　1/16
印　　张：	14.75
字　　数：	150千字
版　　次：	2012年11月第1版
印　　次：	2012年11月第1次
书　　号：	978-7-5090-0860-7
定　　价：	20.00元

如发现印装质量问题，请与承印厂联系调换。
版权所有，翻印必究；未经许可，不得转载！

目录

你内心深处有没有男人味呢？ / 001

你这辈子拥有什么样的命？ / 003

让你变丑的原因是什么？ / 006

你的忠贞程度有多高？ / 009

你成为剩女的指数有多高？ / 011

你有机会成为有钱人吗？ / 013

你有多少裸婚的勇气？ / 015

你结婚到底图什么？ / 018

你与梦想的距离还有多远？ / 020

你属于哪种香型形象？ / 025

你有几分女人味？ / 030

你会被第三者踢出局吗? / 036

旧情还是不能忘？ / 038

香水测出你对男人的态度 / 040

测试你分辨男人的能力 / 043

你跟他日久生情的几率有多高？ / 045

看电视测试你的心软指数 / 049

测测你未来老公的样子 / 051

你相亲时会碰到什么糗事？ / 053

从点菜看出你的性格 / 055

唱KTV探知你的性格 / 057

你的被骗指数有多高？/ 059

甩了你以后他有没有后悔？/ 061

你骨子里有多少妖精气质？/ 067

你是异性心目中的哪种女人？/ 069

你骨子里潜伏着哪类公主气质？/ 072

你最难搞定的情敌会是谁？/ 077

你是清纯女还是小恶魔？/ 081

你灵魂的真身是何物？/ 083

你最需要什么特质的朋友？/ 088

你现在有多寂寞？/ 093

看你酷劲有多大？/ 095

玻璃珠测你最希望拥有什么 / 097

你需要一百分的情人吗？/ 099

你的胆子有多大？/ 101

喝酒测试人际关系 / 106

你的人缘如何？/ 109

你爱情的危险信号有多高？/ 112

测试你现在最想要的是什么 / 119

从喜欢的宠物看出你的品味 / 121

你的忧郁指数有多高？/ 123

测试你目前在为什么烦恼 / 125

幸福离你有多远？/ 127

测测你男朋友的心事 / 129

从水性指数测测你的恋爱 / 132

从购物选择看你对爱情的态度 / 136

你具备哪种潜能？ / 138

从饮料的选择看你的幸福指数 / 141

你的桃花宝地在哪里？ / 143

你是哪种刁横公主？ / 146

你们分手后还能复合吗？ / 152

他到底值得你等多久？ / 156

现在谁对你最重要？ / 160

工作中的你散发着什么味道？ / 162

几岁的老公比较适合你？ / 167

你的第六感可信度有多高？ / 170

你的真实心理年龄有多大？ / 172

你和你的身体性别一样吗？ / 175

你是哪类猫女郎？ / 182

此生你会遇到单纯的爱情吗？ / 188

你未来老婆是美还是丑？ / 193

你的心灵属性是什么？ / 199

测试你和哪种人最配？ / 206

你不快乐的根源是什么？ / 211

透视你的优缺点 / 219

你是个讨人喜欢的人吗？ / 223

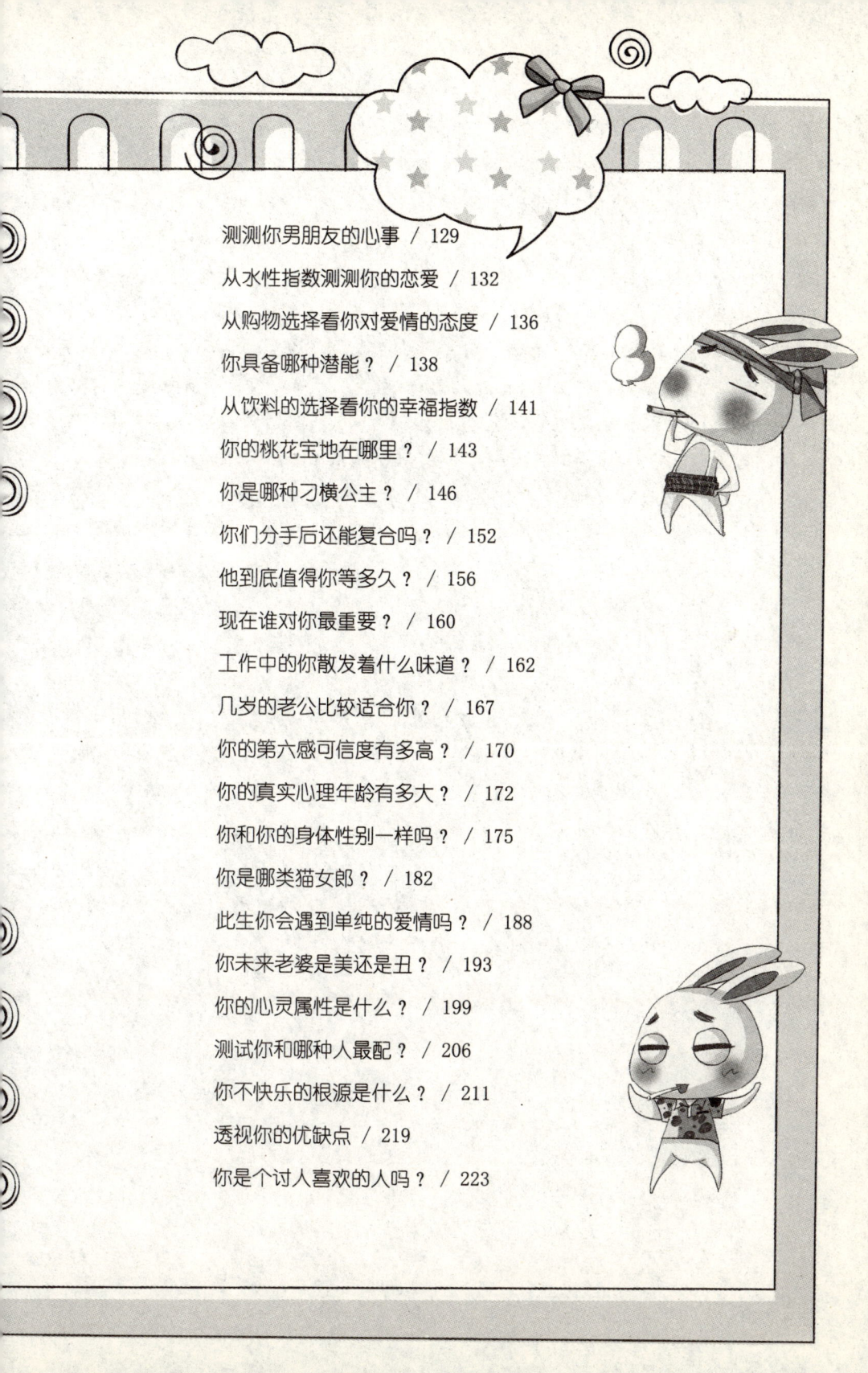

你内心深处有没有男人味呢?

在你的心里面是否藏了一个"男性"的自我?这个自我有时候会恰到好处地跳出来帮你解决事情,有时候却又以朦胧的面目令你疑惑,想看清那个潜藏在心里头犹抱琵琶半遮面的另一个自我吗?

你有机会来到太平洋上的一座孤岛,岛上有着茂密的椰子树,放眼望去是湛蓝的海洋。此时,你觉得眼前的景色如何?

A.岛屿小,海洋辽阔
B.岛屿广大,海洋狭小
C.海洋与陆地的面积差不多
D.岛屿的四周有浪涛拍打着

 测试结果:

A.岛屿小,海洋辽阔

如果你是女生,那铁定很有女人味!但如果你是男生,则可能会表现出较女性化的一面。这类型的人拥有丰富的想象力,如果能在生

活中多发挥一点创意，那一定能激荡出许多精彩的火花。

B.岛屿广大，海洋狭小

没责任感的对象会让你第一眼就排斥。这种类型的人非常有责任感，不管是对自己或者是对家人，相对的，会要求另外一半也要很有责任感。

C.海洋与陆地的面积差不多

你的男性特质与女性特质保持着完美的平衡，因此如果遇到像与伙伴对立而两难等情况时，你都可以处之泰然并将所有问题圆满解决。善于沟通协调是你最大的优点，应好好发挥这项特色。

D.岛屿的四周有浪涛拍打着

你并没有按照海洋或岛屿的面积大小来判断，所以选择了这个答案，这表示在你的内心中，正为自己的个性像女生多一点还是男生多一点争论不休。其实，平心而论，你是不是时常勉强自己，而表现得太过好强了呢？

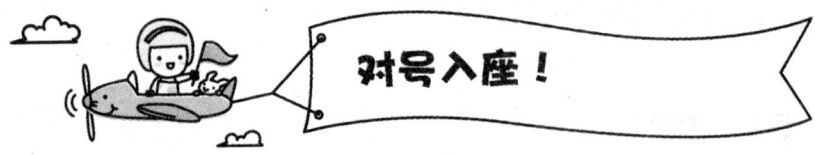

你这辈子拥有什么样的命？

1.你一直在奋斗着，努力做个上进的人。
是→第2题　　不是→第3题

2.但本质上，自己是个太消极的人。
是→第3题　　不是→第4题

3.感情比金钱珍贵多了。
是→第4题　　不是→第5题

4.对于所有的付出，都期待着回报。
是→第6题　　不是→第5题

5.喜欢倾诉，但要对特定的人而言。
是→第7题　　不是→第6题

6.说话总是很客观,不会刻意掩饰自己的过失。
是→第7题   不是→第9题

7.尽管自己有过失,还是会让别人觉得自己是对的。
是→第8题   不是→第9题

8.害怕别人知道自己真实的想法。
是→第10题   不是→第9题

9.奋斗的终极目标一定是物质为先的。
是→第10题   不是→第11题

10.觉得贫穷的人说贫穷是种幸福是可笑的。
是→A选项   不是→B选项

11.自在逍遥比激烈的爱让自己舒服。
是→C选项   不是→D选项

测试结果:

A.天生拥有富贵命

你天生就有一种入世的智慧,绝不浪费时间和精力在无聊的事情上,你不会莫名其妙地郁闷、颓废和伤感,在你身上永远散发着自信和张扬的魅力。在任何时候都是很现实的人,社交能力尤其突出。甚至在面对感情时,都没有一点应该的疯狂和偏激。所以,你人生的成功也需要牺牲很多感情为代价。

B.矛盾又复杂的人生

你是个强硬、善良、聪明又极度虚荣的人,你身上的这些特点,很难同时出现在一个人身上,所以你注定是个复杂而矛盾的多面体。你常常在真诚的同时,暴露出虚伪的一面;又或者是在别人感觉你很实在的时候,流露出虚荣的一面。让人觉得你实在太复杂太矛盾,但在大方向上来说,是个很单纯的人。

C.天生脱俗活得潇洒

你和别人太不一样了,不是吗?你做的事说的话,无不显示出你是一个与众不同、让人觉得你脑子里就是有东西的人,而且你并不故意如此,也可以解释为天性使然。或许你很不喜欢这个说法,你觉得自己再普通不过,但其实你就是一个与众不同的人。

D.心比天高的丫头命

这个世界让你看不顺眼的东西太多,让你为自己的不同烦恼不已。有时觉得自己要抓牢所有物质,感情对你来说没有意义;有时又不顾一切地去追求感情,将所有物质踩在脚下。你是个情绪化的人,占有欲非常强,尤其在爱情上,不给对方足够的空间。但你又很需要别人的感情,别人对自己的感情才会让自己有安全感。

让你变丑的原因是什么?

化妆、塑身,再加上现代科技打造着百分百精致美人。然而在层层掩盖之下,你的素颜是否离美丽这等词汇越来越远?又是什么让你陷入变丑的危机呢?

1.长假里你将大把的时间花在了睡觉上?
是→第2题　　否→第3题

2.现在每月都给你足够生活的钱,你会选择在家待着还是继续工作?
待着→第5题　　工作→第3题

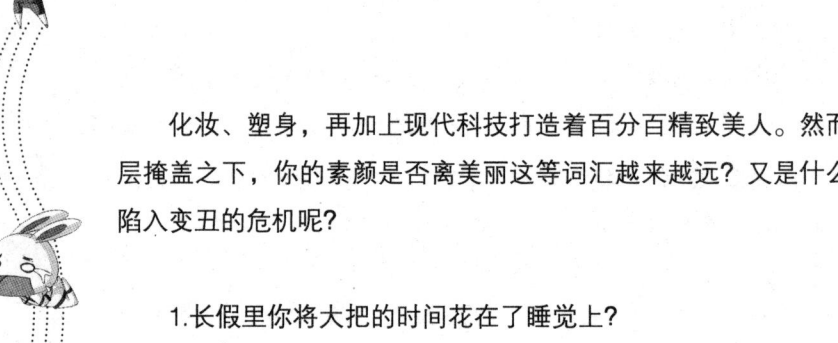

3.喜欢丧失底线的疯狂玩乐?
　　是→第5题　　否→第4题

4.起床时,你更青睐下面哪种感觉?
清晨温暖的阳光透过窗帘照到床上→第6题
雨后中午霉潮的空气和暖暖软软的被子→第5题

5.不化妆或者简单打扮就没有自信出门?
　　是→第7题　　否→第10题

6.购买新品牌化妆品时你一定会试用再买?
　　是→第7题　　否→第8题

7.一天至少叹三次气?
　　是→第8题　　否→第9题

8.明明计划好了几点关电脑或者做什么事情,却总是磨磨蹭蹭?
　　是→第9题　　否→第10题

9.你喜欢运动时的哪种感觉?
　　运动时的汗流浃背→D选项
　　运动后的彻底脱力→B选项

10.十几年都十点睡和六点起同十几年都两点后睡十二点起,你会选哪个?
　　两点后睡,十二点起→A选项

十点睡，六点起→C选项

测试结果：

A.生活习惯　变丑速度：快

长期不规律的生活习惯让你的疲劳指数越来越高，保养已经无法减慢肌肤的衰老进程。喜欢宅的你也特别不爱运动，由内到外都在被侵蚀，因为有年轻的本钱而肆意挥霍的状况会让你在数年后变得非常糟糕。

B.压力和焦虑　变丑速度：中

糟糕的心情是你的大敌，各种各样的压力让你无法理智地做判断，总爱追求刺激和辛辣的生活方式。显然你很爱美，尤其是自尊心很高，于是受到心灵挫折的几率也比普通人更多，焦虑的心情会让你的美丽大打折扣。

C.错误的美容方法　变丑速度：慢

你是超爱漂亮的人，但却不算是个保养达人。而且懒惰会让你无法持续地去护理自己。经常有耐心打造一个精致妆容，却马马虎虎地卸妆，错误的观念让你在美丽的道路上为自己埋了不少莫名的地雷。

D.年龄　变丑速度：缓慢

你是个拥有积极心态，竞争欲很强，也很有自信的人，你的美丽指南基本上是非常得体且恰当的，除了年龄你几乎没有什么可要担心的变丑因素了。而时间也可以让你历练出更优雅的姿态和气质，借此保持住自己的魅力。

你的忠贞程度有多高?

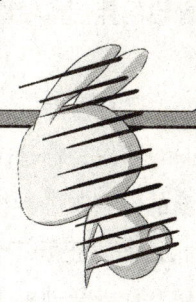

假如你在看鬼片,你觉得鬼最有可能在哪里出现?

A.厕所

B.电梯

C.桌子底下

D.储物室

E.老板办公室

 测试结果:

A.厕所 忠贞度:★★★

你的忠贞程度要看对方如何对你。如果对方对你好则万事都好商量,如果对方总是对你有所保留的话,那就要看看情况再说了。

B.电梯 忠贞度：★★★★

你基本上是认定了就不会改变的那种人。当你觉得这个人很值得做你的伴侣或者朋友的话，你会心甘情愿地为他（她）付出。

C.桌子底下 忠贞度：★★

可以说你是个花心大萝卜。在爱情上，你真是谈不上忠贞，一有新的你喜欢的异性出现，你的心就跟他（她）跑了；在工作上也是如此，如果正好工作上出现了什么困难，而外界又极力给你诱惑的时候，你就会动摇了。

D.储物室 忠贞度：★★★★★

典型的要吊死在一棵树上的人。现在这样的人真是难找啊！你的伴侣和朋友遇到了你真是他们的福气。不过有时候人心难测，你一定要先看清楚对象，不然小心遭人利用哦。

E.老板办公室 忠贞度：★

虽然说你对别人不忠贞，但你却是一个要求别人百分百对你忠贞的人。你有强烈的大男人或大女人的倾向，跟你在一起的人都会觉得很有压力呢。

你成为剩女的指数有多高?

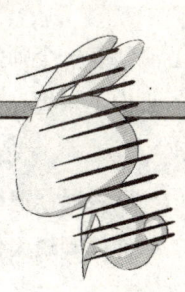

有一天你走在街上看到一间寺庙,你的直觉是:

A.非常华丽金光闪闪的大庙
B.很庄严肃穆的中庙
C.有一个师父和小和尚的小庙
D.古时候遗留下来的古迹

 测试结果:

A.非常华丽金光闪闪的大庙 剩女指数:★★★★
你对婚姻期望过高。

B.庄严肃穆的中庙 剩女指数：★★
你对爱情看得很开。

C.有一个师父和小和尚的小庙 剩女指数：★
你不用担心自己嫁不出去。

D.古时候遗留下来的古迹 剩女指数：★★★
你的观念太传统。

你有机会成为有钱人吗?

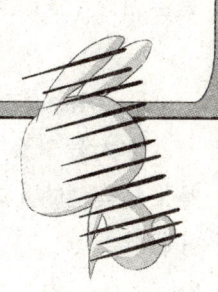

假如你是大胖子,正在努力减肥时,你的朋友却想请你吃大餐,你觉得他的心态是什么?

A.只是顺便叫你吃饭,没有什么意思

B.根本就是故意取笑你、看扁你

C.逗你开心,希望你轻松面对减肥

D.心疼你挨饿减肥太辛苦

E.考验你减肥的意志力够不够坚强

 测试结果:

A.只是顺便叫你吃饭,没有什么意思

你会默默地努力充实自己，三年后的你会衣食无忧。这类型的人性格比较老实、比较单纯，因此会默默地努力把自己分内的事情做好，因此在专业上也会努力地充实自己，虽然不会大富大贵，但是还是会因为专业而赚了很多的钱。

B.根本就是故意取笑你、看扁你

你太爱享受的个性，会使三年后的你因缺少生活来源而生活穷困。这类型的人孩子气十足，认为自己开心就好，而且心肠很好耳根子很软。

C.逗你开心，希望你轻松面对减肥

你努力打拼的个性，让你有机会在三年后迈入亿万富翁的行列。这类型的人傻人有傻福，觉得努力打拼就好了，而且很容易执著一样事情的时候会非常用心，而且吃苦当吃补。

D.心疼你挨饿减肥太辛苦

你缺乏打拼的动力，三年后的你还是只有这么多的钱。这类型的人比较安于现状，你会品味你的人生，在工作的挑选上要合乎你的尊严或你的喜好。

E.考验你减肥的意志力够不够坚强

你是个潜力无穷的理财高手，三年后的你虽不会大富，却也是个绩优股。这类型的人学习能力很强，善于判断分析，因此很有机会成为绩优股。

你有多少裸婚的勇气？

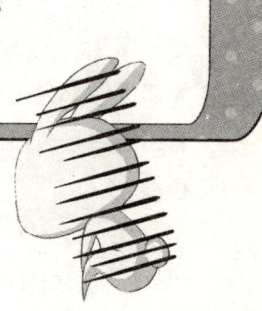

爱情在激情褪去后，就变成了琐碎的柴米油盐酱醋茶，《裸婚时代》的热播让我们对裸婚更多了一份思考。有人说，裸婚到底是不负责任；有人说，裸婚是一种追求爱情的勇气。如果有机会让你成为一个歌手，你希望自己属于下列哪一种类型的歌手呢？

A.清纯型歌手
B.摇滚型歌手
C.实力派歌手
D.创作型歌手
E.性感型歌手
F.偶像派歌手

测试结果：

A. 清纯型歌手

你的终身梦想就是找个家，给自己平淡的生活和幸福的安全感。尽管你是一个外表开朗活泼的人，但是其实内心非常缺乏安全感，就算恋爱你都会彷徨和摇摆很久。矛盾的你理性和感性时常矛盾地斗争着，既想轰轰烈烈不顾一切裸婚，但是又为自己没有根基的将来感到彷徨。

B. 摇滚型歌手

当你投入爱海就会不顾一切地去付出。爱到极致的时候你很有可能会选择裸婚，体验那种完全拥有的感觉。你自由的渴望特别明显，你喜欢恋爱时那种互不束缚的感觉，喜欢恋爱时那种浪漫和甜蜜的感觉。当你失去理智的时候会抱着"船到桥头自然直"的豁达心态去裸婚。

C. 实力派歌手

对于结婚这种终身大事你还是相当在意传统的。你不光不会选择裸婚，还要求婚姻的一切必须全然礼仪化。本分的你总是在遵从长辈的安排，自然你的感情也会与大多数人一样，从相识、相知到相恋再步入婚姻殿堂，然后隆重地向大家宣告你的爱情。

D. 创作型歌手

你是一个很现实很理智的人。你懂得结婚意味着什么，房子、收入、车子等等，这些不得不考虑的问题成为结婚的梦魇，你绝对不会做一个一无所有的裸婚族。所以在对方和自己有着良好事业基础和巩固的物质基础之前，你是不会考虑结婚的。

E. 性感型歌手

你是一个安全感很缺失的人。对恋人充满了期待与依赖,总想赶紧将心安顿下来,停下为爱寻觅为情徘徊的日子。你是一个很注重物质基础的人,有时候甚至会将此作为第一考虑对象,为了面包你可能会选择不适合自己的水晶鞋。

F. 偶像派歌手

你是一个敏感多情、充满幻想的人。面对爱情,你内心充满了天真浪漫的美好想法,尽管你的内心很向往爱情与婚姻,但是你又是一个极度缺乏安全感的人。面对爱情,你会踌躇不前,考虑良久才敢确定关系。步入婚姻殿堂之前,不经过一番详细的研究、评估与分析,你绝不会轻举妄动。

你结婚到底图什么?

绝大多数人都会选择婚姻。那么,你有没有想过,结婚到底图的是什么呢?是为了责任还是为了安定的生活?

出去郊游了,以下4条路线中你会选择哪一条呢?

A.省时省力的缆车
B.需要徒步攀登的崎岖山路
C.能和孩子一起步行的平坦山路
D.拥挤却受欢迎的观光路线

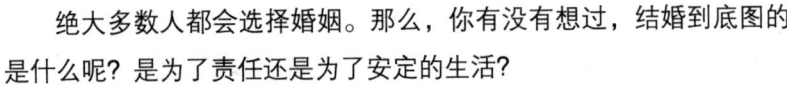 测试结果:

A.省时省力的缆车

你为了过上优越的生活而结婚,因此无论你多么喜欢对方,只要他(她)的经济实力未得到你的认可,你绝不会与之结合。作为女人你希望丈夫工作稳定,前途无量;作为男人,你希望妻子相貌出众,家境富裕。

B.需要徒步攀登的崎岖山路

你为了责任而结婚,如果有真诚的交往对象,便会自然而然地与之走向婚姻殿堂;如果没有合适的人选,你也会为了孝敬父母,通过相亲等方式,选择一个二老喜欢的人结婚。

C.能和孩子一起步行的平坦山路

你为了过上安定的生活而结婚,对人生没有太大的奢望,认为平平淡淡才是真。作为女人你希望婚后成为一名家庭主妇,工作只是维持日常开销的手段;作为男人你则会把一切生活琐事交给太太打理,自己则专注于事业或兴趣爱好。

D.拥挤却受欢迎的观光路线

你也不知道自己为什么会结婚,反正同龄人都结了,自己也就跟着步入了婚姻殿堂。你对婚姻、家庭缺乏概念,凡事喜欢跟风,缺乏主见,若非你的另一半足够踏实、能干,你的婚姻便岌岌可危。

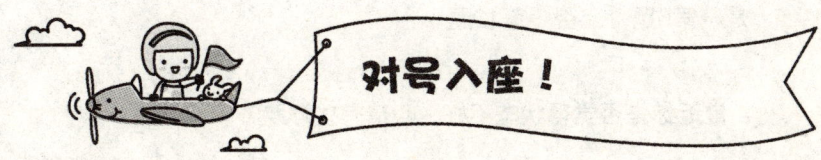

对号入座!

你与梦想的距离还有多远?

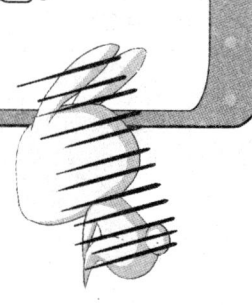

1.你是否常常出现银行卡透支的状况?
　　是→第5题　　否→第2题

2.跟网友见面的时候,你们约定好手上拿一本杂志,会是一本什么杂志?
　　时尚类杂志→第7题
　　文学类杂志→第4题

3.你是否有一个从小就立下的目标,并且正在为之努力?
　　是→第6题　　否→第12题

4.最近你是否觉得状态不好,心情有些浮躁?

是→第11题　　否→第8题

5.你是否常常将自己与身边朋友进行对比?
是→第6题　　否→第7题

6.你喜欢推理小说或者电影吗?
是→第9题　　否→第10题

7.你认为自己未来会是一个有钱人吗?
是→第10题　　否→第11题

8.你喜欢喝咖啡吗?
是→第3题　　否→第5题

9.如果你要把插花摆在自己的房间里,你会选择什么颜色?
素雅安静的颜色→第15题
鲜艳跳跃的颜色→第12题

10.平时你喜欢看爱情文艺片吗?
是→第9题　　否→第13题

11.如果有一天,你发现自己再也无法达成自己的梦想,你是否会让自己的孩子来帮你完成多年的夙愿?
是→第9题　　否→第3题

12.你觉得在校期间,打工的目的更多是为了:

补贴生活费,勤工俭学→第16题

拓宽交际面,认识朋友→第14题

13.你是否会为了一件心仪的名牌衣服而努力地节衣缩食?

是→E选项　　否→第15题

14.对于那些附和领导的家伙,你是怎么想的?

很识时务→第15题

假惺惺的→A选项

15.朋友不停地对你抱怨你的另一半,你认为他是怎么想的?

对你怀有恶意→A选项

跟你没关系,可能只是讨厌你的另一半→C选项

16.如果有一天醒来,你发现自己失去了记忆,会如何处置?

翻阅自己的电话本,找朋友帮忙→B选项

不去管它,开始一种新的生活→D选项

 测试结果:

A.选项

或许你还很年轻,因为你犯了一个年轻人最容易犯的错误:把幻想错当理想。你的脑海中总是随时随地编织着各种各样的美丽梦想,并且这些想法是否能够成为现实对于你来说真的不是太重要。因此,你不会为了实践梦想付出太多的努力,认为只要有空的时候想一想,就能马上沉浸在幸福的氛围之中。

小贴士:偶尔还是需要从梦中醒过来的,毕竟我们始终生活在这

个现实的社会中。

B.选项

相较于其他类型,你属于爱做梦的那一类!刚开始你抱持的梦想是遥不可及的,容易被人误会为妄想者。但是,经过现实的洗礼后,你就会开始逐渐修改自己的造梦工场,使之与现实生活逐渐磨合适应。到最后,你所实现的理想与最初的梦想还是会有一定程度上的共通性。

小贴士:随着年龄的增长,你可能会舍弃一些自己认为的完全不切实际的梦想,记住多多回忆自己追梦的美好岁月,会给你一些新的启示。

C.选项

你不会让梦想只停留在梦想的阶段,即使被人认为是痴心妄想,对你而言那也是可以实现的梦。因为你早早定下了这个目标,并且有目的地去积累相关的经验,不惜代价地在现实中努力向着梦想靠近。这种在不知不觉中化梦想为现实的能力,常常令周围的人惊讶不已。

小贴士:做好准备,抓住机遇的几率还有50%,完全不做准备,抓住机遇的几率则是0%。

D.选项

你是一个有着现实目标的人,不会追求那些看似美丽却很遥远的不切实际的梦想,甚至对那些沉溺在美妙幻想中的人嗤之以鼻,认为那是浪费时间。身为现实主义者的你了解自己的实力,但是没有更高的理想,通常是因为你不愿意勉强自己去做太难的事。

小贴士:虽然太高的理想不太容易达成,但是想象力和冒险精神还是要有的，否则太过现实的人生就太无趣了。

E.选项

不得不说，你是一个被欲望控制着梦想的都市"欲"人。物质欲旺盛的你把梦想建筑在各类商场的橱柜或者是古董行的展示架上，总之，你拼搏的动力大部分来源于拥有最多最好的物质生活。只是，这种被物欲奴役的生活在让你获得满足感的同时也让你离最初的梦想越来越远了。

小贴士：与其克服欲望，不如培养自己的欲望。即使是虚荣的梦想，但是在培养的过程中，也许你会发现比自己更高的目标和能力所在呢。

你属于哪种香型形象?

1.你会把自己比喻成哪种花香?
浓郁的花香→第2题　　清淡的花香→第3题

2.你会选择哪种香味的润唇膏?
水果味→第4题　　薄荷味→第5题

3.你会把自己比喻为哪种花束?
红色系的花束（如红色/粉红色/橙色）→第2题
非红色系的花束（如白色/蓝色/紫色）→第5题

4.你跟意中人首次约会用什么香水?
带有甜味的花香→第6题
清爽的果味→第7题

5.你较喜欢哪种味道?
盛夏干燥的草味→第4题
雨后湿淋淋的草味→第7题

6.玫瑰和百合,你较喜欢哪种香味?
玫瑰→第8题   百合→第9题

7.你刚发现一瓶新款洗头水,你十分喜欢它的味道,那瓶子的形状是什么样的?
圆形→第6题   长身形→第10题

8.当你情绪低落时,哪种味道最能抚慰你的心灵?
花香→第11题   森林的味道→第12题

9.你在收视超高的电视剧中看见一个香包,它是什么颜色?
紫色→第8题   红色→第12题

10.市面刚推出了一种全新的香草味雪糕,你的看法是什么?
相当引人注意→第9题
不太引人注意→第13题

11.下列哪种味道会勾起你怀念的感觉?
面包香味→第14题   大自然的味道→第15题

12.如果月亮的光辉会发出味道,你嗅到后会联想起下列哪组形容词?

刺激/灿烂夺目/香味四溢→第11题
沉郁/孤独/踏实/安静→第15题

13.你较喜欢哪种香味?
香料→第12题　　茶香→第16题

14.你对体味的看法是?
非常讨厌→第17题
如果是自己喜欢的味道就没有关系→第18题

15.你觉得什么香味较有助提神?
柑橘香→第14题
薄荷香→第18题

16.你喜欢异性身上有哪种香味?
香水味→第15题
自然肥皂→第19题

17.想起游乐场,你会想起哪种味道?
牛奶及葡萄→第20题
甜甜的糖果→第21题

18.如果要在房间燃点香薰,你喜欢哪一种形状的香薰?
三角锥形→第17题　　棒状→第21题

19.你对于香水的看法是?

非常喜欢→第18题

不算十分喜欢→第22题

20.对于婴儿使用的肥皂系列香味有什么看法?
喜欢→A选项　　不是特别喜欢→B选项

21.你知道自己的味道吗?
不知道→第20题　　知道→C选项

22.喜欢皮革的味道吗?
喜欢→第21题　　讨厌→D选项

 测试结果：

A选项：你具有水果香的形象

你充满自由愉悦的气息,总是沉溺在游乐场当中,像个天真无邪的孩子。有你在的地方,整个气氛都会兴奋起来,所以你是聚会中不可或缺的人物。虽说你个性开朗,受到大部分人的喜爱,但别人一般认为难以跟你成为亲密好友,或者说,你给人的印象只是个搞笑能手。有些人觉得你爱玩弄别人,依赖性又强,所以不太愿意亲近你。不过,真正的你其实十分成熟稳重,正因透彻了解你的人不多,所以知己朋友也相当少。

B选项：你具有东方花香的形象

你拥有强烈的自我意识及自己的世界,不会被他人玩弄于股掌之间,会利用自己的力量积极地达成愿望,给人有热情的印象。你不会跟朋友纠缠不清,再加上给人喜欢单独行动的印象,围绕在你周遭的人都会觉得你是一个"带有神秘色彩的人物"。"神秘感"有时是相当有魅力的意思，但是人们对于你严密的戒备心以及自命清高的态度，感觉无法轻松地与你交谈而觉得你难以应付，甚而变成除非必要不跟你接触，对你敬而远之的倾向。真正的你其实是相当温柔的，但是除非是与你相当亲近的人，否则无法注意到你的优点。

C选项：你具有草香的形象

你拥有非常坚强的意志，不依赖他人，给人独来独往的印象。你拥有旺盛的好奇心与丰富的情感，是个过着知性生活的现代人。骤看下你是个自命清高、不好相处的人，但是一旦跟你交谈后，就知道你很好相处，等到交情加深之后，就更知道你其实拥有很爽快的个性。你所拥有的中性化魅力，让你不论在男性团体还是女性团体都大受欢迎，不过你不喜欢让人看到你脆弱的一面。你外表上看来也许很冷静，但实际上却是热情如火。能够知道你真正本性的人，才能够跟你天长地久地交往下去。

D选项：你具有花香的形象

你总是给人乐观、积极和勇于面对困难的感觉，而且温柔优雅，很懂得为他人着想，给人非常擅长维系人际关系的印象。这样的你让人感到既坚强又脆弱，尤其是你那关怀体贴的包容力，更让人觉得你相当有魅力，很值得信赖。你给人的印象是个"拜托做的事绝不会拒绝"的人，所以特别容易让依赖性强、只顾自己利益的人利用。这些人因为看中你细心随和的一面，所以会故意亲近你，然后借故占你便宜。

你有几分女人味？

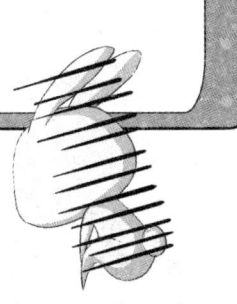

1.有一天，你决定从此以后只做素食主义者，是因为什么原因？

　　A.将活蹦乱跳的一个生命变成餐桌上的菜肴，你觉得是一件挺残忍的事情

　　B.素食更有利于皮肤

　　C.觉得肉味让你难受

2.色泽迷人的美味比萨散发出让你难以抗拒的诱惑，今天的晚餐你决定就去必胜客了，你准备以什么样的方式来享受比萨呢？

　　A.喜欢将比萨先切成小块，再慢慢享用

　　B.享受看着一大块比萨时的满足感，所以会边吃边切

　　C.直接用叉子叉起送到嘴中

3.都市的街头充斥着各式牛排馆、西式自助餐馆。就连一些经营中国菜的餐厅,也开始提供欧式沙拉。对各式沙拉酱,你有没有特殊的喜好呢?

  A.法式沙拉酱

  B.日式沙拉酱

  C.只加盐和胡椒

4.终于有机会坐在夏威夷的椰树下品尝椰果了,你希望以什么方式享受?

  A.如常见的那样,在椰壳上凿个小洞,插上吸管,慢慢饮用

  B.剖成两瓣,然后饮用

  C.撕开外层的一部分,轻轻吮吸

5.公司员工聚餐,你发现了一种味道奇特的烤肉,你觉得是?

  A.火鸡肉

  B.熊肉

  C.野鸭肉

6.有那么一天医生告诉你,你的舌头只能够品出一种味道了,你希望会是哪种味道?

  A.甜味

  B.咸味

  C.辣味

7.午休时间到了,在你常常光临的那家餐厅里边吃午餐边享受着音乐,你更希望音乐旋律是?

A.情意绵绵的恋曲

B.悠扬轻松的田园歌曲

C.震撼的爵士、摇滚

8.喝下午茶时,因为看书太入迷,你不小心把盘子上的蛋糕打翻在桌上,这时候你会:

A.把它捡起来,如果不脏就继续吃

B.不吃了

C.向侍者再要一份

9.都市的节奏如此快速,你一直忙了一整天,终于可以坐下来享用大餐了,饥肠辘辘的你是以怎样的方式解决你肠胃的抗议呢?

A.虽然很饿,但还是保持较斯文的吃法,有节奏地慢慢吃

B.手不停地往嘴里送,但还能够小口小口地细嚼慢咽

C.太饿了,狼吞虎咽,风卷残云,扫荡一空

10.又忙碌了一天,晚上和同事到酒吧放松一下,看见对面的一对情侣在喝鸡尾酒。你认为他们喝的是?

A.美丽的红色基尔酒

B.神秘的蓝色蓝带吉利

C.光艳的黄色贵妇人酒

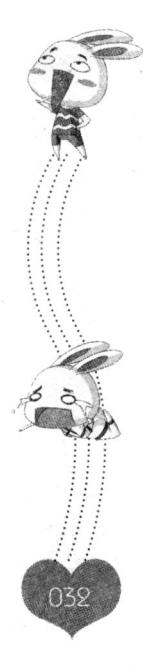

11.花样繁多的派对总少不了各式各样的酒水饮料为聚会添色,生活中的你喜欢喝什么样的酒呢?

A.鸡尾酒

B.葡萄酒、香槟

C.威士忌

12.男友打电话来,说刚发了薪水,收入不错,兴高采烈地要请你吃饭,你会选择?
A.在你们的小窝,为他亲手做几样喜欢的家常菜
B.狠狠心,考虑去价格较贵一直没舍得去却很喜欢的一间餐馆
C.试试去一家刚开业的餐馆,尝尝新的一款料理

13.心爱的他又在外面奔波劳累了一天,看着他一脸的倦容,善解人意的你很心疼。你期望自己精心烹饪的晚餐能够让他尽快恢复体力。而这份理想的晚餐会是?
A.海参木耳汤
B.龙虾和白葡萄酒
C.烧烤类肉食和伏特加

14.他很体谅你今天花了很多精力去和客户会谈,特别下厨做了份"爱心餐",味道挺不错;可他却错估了你的饭量,看着桌上剩下的饭菜,你会:
A.他难得下厨,那可都是他亲手做的,这可是爱的体现,怎么能剩呢,我会慢慢一口一口地都吃完的
B.甜甜地看着他笑,然后不知不觉中骗他一起吃掉
C.我可不喜欢吃剩饭,让他自己解决吧

 测试结果:
得分规则:每题选A=0分,B=1分,C=2分

【5分以下】鲜活小白菜 女人味指数：★★

当人饥饿时，它的鲜嫩很容易勾起食欲，缓解其饥饿感。它的普适性使它挺受欢迎：清淡的炒白菜，开胃的醋溜白菜，加在美味的炖肉里……从而充分满足许多人的味蕾需求。但是正因为你的个性就如你本身的味道一样清淡，模样并不特别出众，往往只是众多大菜中的一个配菜，得不到足够的重视。

我们知道再名贵的菜，它本身是没有味道的。在烹调的时候必须佐以调料才出味。虽然你的女人味很少，但只要好好认识自己，无论在什么样的场合，学会好好地"烹饪"自己，使自己秀色可餐，暗香浮动，那你的女人味也就添加了水灵的内涵。

【6~10分】美味小甜点 女人味指数：★★★★★

你就像外形精美的比萨那样，乖巧、漂亮、味道甜美，这就是你诱人的亲和力所在。你的精致使你在食客的眼里不忍被遗弃。所以在你交往的圈子里，你总是受人欢迎的那个。但是作为饭后甜点的你，往往大家对你的喜爱总是表现在茶前饭后，因为你就是那一道点心，扮演不了主食。

拿出各味佐料，给拥有着小小女人味的自己加点色香味吧，你那让人自然而然想亲近的感觉就是你的魅力所在。

【11~15分】香甜水果沙冰 女人味指数：★★★

身为水果沙冰的你自然具有又冷又甜的双重性格，使人垂涎欲滴的时鲜水果，加上丝丝缕缕的雪冰，你的沁人心脾会让嗜吃之人吃起来可以不要命，而你的冰冷又决定了肠胃有问题的人将对你退避三舍。虽然味道香甜、"冰冰凉，透心亮"是你的优点，但是缺点同样明显：炎炎烈日下，你很容易就化掉了；而数九隆冬时节，就更难寻觅到甘冒凛冽寒风，品尝你的"美丽冻人"的人。

【16－20分】色彩缤纷鸡尾酒　女人味指数：★★★★

外向活泼的你也许在许多人的眼里以泼辣著称，风风火火是你最重要的品质，所以不温不火之人往往对你敬而远之，他们在你的刺激下会晕头转向，哪儿还有余力去品味你的内涵？但是你周围的朋友却会因你而畅快淋漓地放松自己，所以心情郁闷时，他们都愿意到你那里寻找释放的快感。但有时却会因为不胜你的酒力而苦恼：还没来得及品出个滋味，怎么就醉倒了？

不管是待字闺中，还是初为人妻，对你而言，凡事保持适度的矜持，会让你透出更令人愉悦的味道。

【21分以上】生鱼片　女人味指数：★

生鱼片作为舶来品，它的身份天然就决定了它的受众的层次。犹如阳春白雪，曲高和寡，对于传统的中国人来说，大多数人吃不起，更是吃不惯。我们进化到这一步，都已经习惯熟食，况且想要品尝生鱼片的美味，还要忍受芥末的辛辣，这恐怕也是不少人所难以接受的原因之一。而即使对你关爱有加的人，也不敢也不能多吃，否则的话，五脏六腑就会痛苦地发出抗议了。

浪漫优雅、甜美多情、时尚前卫，都是女人味。最重要的就是不要有太多的"怪"味。

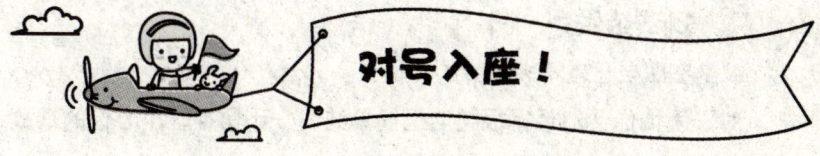

你会被第三者踢出局吗?

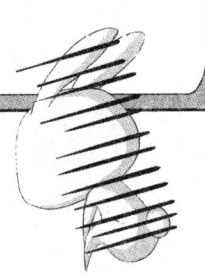

恋爱是一场战争,就算对方向你说尽甜言蜜语,同样的话他也可以跟第三者说。在这场恋爱争夺战中,你是令情敌损手离场,还是被下课呢?

在公共汽车上,你会选择以下哪一个座位?
A.坐在跟自己差不多年龄的同性旁
B.坐在漂亮的异性旁
C.坐在中年男人旁
D.坐在看似智慧的君子旁

 测试结果:

A.坐在跟自己差不多年龄的同性旁
对于爱情你会幻想得很纯洁也很单纯,一不留神,小心你的情敌就是你的网友。在恋爱战斗中，你会容易心软，往往是被踢出局的牺牲者。

B.坐在漂亮的异性旁

你陶醉在白马王子和公主的故事中，现实中你会有很多不满。尤其面对自己的女（男）友，你会对对方有严格的要求，也会将感情机会派给其他人。在恋爱争夺战中，你会稳守有利位置，作战力强。

C.坐在中年男人旁

你缺乏安全感。如果你现在已经有女（男）友，相信你会很快跟对方分手。因为他根本没能给你安全感，以致你会在别人身上找寻刺激。爱情战斗值有80%以上，分手你会做主导，会在被抛弃之前选择自动出局。

D.坐在看似智慧的君子旁

你会将恋人跟其他人比较。当你发现恋人并不能给你稳定的生活时，你会看扁他。爱情战斗中，你对自己充满信心，报复心也很重。如果你被踢出局，你一定会找机会报复，你是绝不好惹的。不过你的性格好强，当有网恋的第三者出现时，你肯定是失败的一方。

旧情还是不能忘?

你和他去山上踏青,一时兴起想将风景画下来,你会怎么画?

A.将云朵画得比山峰低
B.将云朵和山峰画于相同高度
C.将云朵画得比山峰高

 测试结果:

A.将云朵画得比山峰低
你似乎仍对昔日恋人耿耿于怀,如果你不想失去现在的恋人,绝不可以用这个问题责难他,要记住以时间冲淡一切,只需耐心等候。

B.将云朵和山峰画于相同高度

这表示你会喜欢上同一类型的异性，也许就是因为他和你前任恋人相似，你才会喜欢上他，但现在你已发现他的魅力。凡事不需要过度担心，应着眼于如何维系二人的关系，避免提及过去的感情。

C.将云朵画得比山峰高
　你已不再被过去的恋情所束缚，将过去的感情完全放开，不会将昔日恋人埋在心底和你比较，忠实于现在的恋情。偶尔会谈到以前的恋人，但是会当成往事而谈。

香水测出你对男人的态度

香水,让女人更添柔媚,令男人无法抗拒。作为现今的女性,大都懂得用不同香味的香水,赴不同场合的约会。

假如你心仪已久的男士第一次约你,你会喷以下哪种香水赴约呢?

A.野百合的清香
B.东方神秘的幽香
C.水果的甜香
D.玫瑰的花香

 测试结果:

A.野百合的清香:凸显高贵刻意修饰

选择野百合香水的你,希望在男人面前能展现出高雅温婉、知情识趣的姿态。为了达到这个目的，你更会刻意装出紧张兮兮的模样，例如在男人面前，你会手捧书本，一派悠然的散步姿态，希望把自己塑造成一个很有智慧、典雅、高洁的女子。其实，在你心底是不屑于卖弄风情的女人，认为她们贬低了女性的价值，然而，这种心态或许会令人误解你自命清高，但你也应该多接纳他人的意见，以真实的面孔去结识心仪的他。

B.东方神秘的幽香：亦幻亦真保持距离

选择神秘幽香味道的你，是一个喜欢让男人迷惑、难以捉摸的女人。因为你对男人没有信心，所以无法全心全意投入一段感情，而且你还会刻意与男人保持距离，令满有疑惑的男人不知所措，好像玩捉迷藏一样。日子久了，能与你一起的男人都变得心灰意冷，因为你还是这样保持神秘感，始终不肯或不敢投入爱情，白白浪费了青春。因此，建议你以坦然的态度来迎接爱情，千万不要浪费了男人的真心。

C.水果的甜香：形象规矩谨言慎行

钟情于水果甜香的你是个天真无邪、纯洁的女子，你应该出身于家教严格的家庭，而且从小就受家人保护，因此，这种生长环境促使你成为别人眼中的乖乖女，不敢越轨。正如你选择的香水也是甜甜的，不会放肆地诱惑男人。圣洁如雪的你说不定内心很渴求一段激荡的爱情，放任地去爱心仪的他，可惜你外在的形象压抑了你的行为，不过随着年龄的增长，或许你会放胆试一次。

D.玫瑰的花香：魅力尽现期待爱情

挑选玫瑰花香的你，大概希望自己能够成为一个充满女人味的艳丽女性。穿上露肩的晚礼服，抹上娇艳的化妆品，风姿摇曳，犹如一

朵盛放的玫瑰，这正是你内心渴望的形象。由于你日常受到的限制太多，所以你渴望得到男人的注目，甚至很多异性的倾慕。基本上你还是忠于自己的情感和意愿，所以不会贸然突破忠诚的防线。

测试你分辨男人的能力

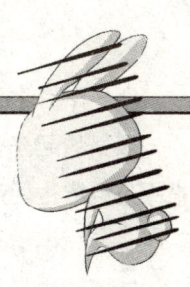

有一本男生相册,抛开其好不好看,只凭你的感觉,你会选择哪一张?

A.一个男生和许多女生的合影
B.一个男生在赛马场的单人照片
C.一个男生工作中的照片
D.此男生与不同类型的很多朋友的合影

 测试结果:

A.一个男生和许多女生的合影
这种男生虽然表面非常风光,但是实际上不一定很好。

B.一个男生在赛马场的单人照片

他是相当狂热的类型，以自我为中心的男生，容易被认为不合群。

C.一个男生工作中的照片

表面看起来很普通，说不上很好也说不上很坏，但是往往是这种很平凡的男生能给你带来幸福。

D.此男生与不同类型的很多朋友的合影

第一眼的感觉很正确，你总能找到非常适合自己的男生。

你跟他日久生情的几率有多高?

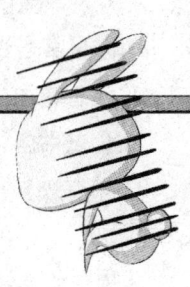

"跟他认识那么久了，到底我们有没有机会成为一对恋人？""那个死猪头，为什么到现在还不跟我表白？"你是不是也常常有这样的困扰呢？

1.请问你平常的穿着是否很合身？
A.尺码稍大
B.尺码很合身
C.喜欢穿紧身衣

2.那你的穿着是否很华丽？

A.蛮华丽的，喜欢赶时髦

B.会注重打扮，但不会刻意赶时髦

C.穿着很朴素，较不注重衣着打扮

3.你平常是否有阅读的习惯？

A.没有或很少，比较喜欢运动

B.会逛书店，只看某些类型的书

C.很喜欢，也常常买书

4.你平常是否是团体中最出风头的人物？

A.是的，常常都是我意见最多

B.有几次，没有特别突出

C.我通常都是扮演聆听者较多

5.你是否是脾气易怒的人呢？

A.是，有时想改可是很容易就又发作

B.觉得脾气不好，可是通常都忍得住

C.就算很生气也是放在心中都不敢说

6.你逛街时是否常爱乱买东西？

A.是的，还常常担心回家会挨骂

B.有时会，不过我有计划要从哪里扣

C.比较不会，我都尽量克制冲动

7.你会不会私底下和平常判若两人？

A.会，让朋友知道他们一定不相信

B.偶尔,有些事情不喜欢让人知道
C.还好,平常和私底下不会差很多

8.你是不是个看连续剧会感动的人呢?
A.我看到好笑的比较容易引起共鸣
B.剧情扑朔迷离的比较容易引起我的关切和注意
C.我看到悲伤的剧情很容易就哭得稀里哗啦

 测试结果:

得分规则:每题选A=1分,B=2分,C=3分

【6分以下】日久生情的几率:20%

你本身独立性强也较强势,静不下来,身边也有很多事情等着你去做。所以你对爱情的专注度自然不高,日久生情的枯燥很容易让你哈欠连连。你喜欢凭感觉去寻找爱情,感觉对了就在一起,对方不想就不勉强。

【7~12分】日久生情的几率:40%

你是冷静思考型的人,不喜欢快餐爱情,认为谈恋爱就该找个真正适合自己的人。只是你常常冷静过了头,因为太过了解对方,发现对方许多不适合的缺点,使你开始产生犹豫,导致日久生情的几率也不高。爱情有时也要有豁出去的准备才行。

【13~18分】日久生情的几率:60%

你是浪漫多情的人,喜欢结交朋友,对于感情却反而有洁癖,相信一定会遇到真正自己想追求的人。你择偶的条件其实蛮高的,不过也因为你的浪漫特质,使你常常会分不清楚友情与爱情,最后终于意

乱情迷，一头栽进爱情的漩涡里。

【17分以上】日久生情的几率：80%

你本身是个不太容易引起注意的丑小鸭，因为你坚持能够发现你内心的人才会是真正喜欢你的人。所以快餐爱情、闪电结婚不太可能发生在你身上。你交往的对象几乎都是认识一阵子的老朋友。因为你这样的特质，你们的爱情也特别坚贞牢固。

看电视测试你的心软指数

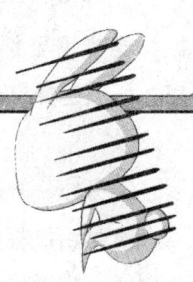

当你看到一出爱情连续剧的时候,哪一种结局你会觉得最悲伤?

A.两个人因为误会而分手
B.女主角变心爱上别人
C.另外一方得了不治之症

测试结果:
A.两个人因为误会而分手 你的心软指数:★★★
个性很实际的你不太容易因为心软而原谅对方出轨,反而会看对方出轨的严重度要对方付出相应的代价。这类型的人在恋爱时就像演韩剧,觉得浪漫的爱情完美,可是当他(她)抓到另外一半偷情的时候,会觉得自己的人生已经变成了乡土剧,所以也不太会手软。

B.女主角变心爱上别人　你的心软指数：★★★★★

　　具有传统忍耐美德的你会为了孩子或者家人心软接受对方的道歉，忍住脾气再给对方一次机会。这类型的人就是为爱什么都可以做，会觉得虽然自己受伤害，可是孩子跟家人不要再受到第二次伤害，所以选择忍耐，希望对方能够回头。

C.另外一方得了不治之症　你的心软指数：★

　　对感情执著又专一的你无法忍受出轨这种"脏事"，只要另外一半偷情，你做出的决定就只有分手这条路了。这类型的人对爱非常执著，追求完美，因为面对爱情时你会100%地付出，所以希望另外一半也一样这么爱自己，所以既然对方可以在感情上或是在下半身有背叛行为，那一切就不要了，宁愿选择分手或者离婚。

测测你未来老公的样子

假设在你面前摆有一面魔镜，这面魔镜有一种神奇的力量，透过这面镜子你会看到十年后的自己，你觉得镜子里面十年后的自己正在做什么？

A.穿着拖鞋在卧室里面走来走去
B.训斥儿子家庭作业又写错了
C.在厨房精心熬汤
D.在隔壁邻居家里打麻将

 测试结果：

A.穿着拖鞋在卧室里面走来走去

你的未来老公是个很体贴的人，懂得如何爱和怎样去爱，他很疼你，对你提出的要求几乎百分百的答应。在做任何决定之前都会考虑到你的感受，可以说是一个十足的好男人哦，婚后你们的生活会过得很幸福，要好好珍惜。

B.训斥儿子家庭作业又写错了

毫无疑问，你是被你未来老公的男子气概所打动。婚后，你的老公仍然有点大男子主义的味道，在他的观念里面，女性还是应该传统一点，把家庭放在第一的位置上。当你没有时间家庭和事业都兼顾的时候，他会要求你放弃事业维系家庭哦。

C.在厨房精心熬汤

你的未来老公是一个事业心很强的男人，凡事都讲求尽善尽美，所以经常明明是到了下班回家的时间，你在家中还看不到他的身影，多半这时候他还泡在办公室里面呢。虽然他会把大部分时间都放在工作上，但剩下的那一部分是全归你所有的。

D.在隔壁邻居家里打麻将

你的未来老公是一个典型的宅男，比较闷，不愿意和周边的人打交道。在同一个楼里面住着，谁家住楼上谁家住楼下都会搞不清楚。别看他外表看起来发闷，事实上他有自己的兴趣和专长，并在自己的领域小有名气，和这样的名人结婚，也算捡到宝了哦。

你相亲时会碰到什么糗事？

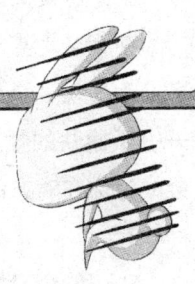

相亲可是人生中的一件大事哦，尤其当你单身很久，一直都没有意中人的时候。当你一身正装前往相亲地点的时候，你会碰到哪些让你意想不到的事呢？假如你是一个一闻到臭豆腐就反感的人，可是你的恋人超爱吃，你会怎么做？

A.他（她）吃的时候我不在场就行了

B.让恋人把这个癖好戒掉

C.可能会慢慢喜欢上它

 测试答案：

A.他（她）吃的时候我不在场就行了

碰到不喜欢的人却难以脱身。虽说相亲之前介绍人一般都会对彼此作个大致的介绍，你也是对对方有一定的认可才去的，可是一见面

你就恨不得下一秒立刻走人,可是出于礼貌,你还得继续陪着,一秒一秒地煎熬……

B.让恋人把这个癖好戒掉

在相亲地点双方还没有正式认识的情况下,就和相亲对象因为小事发生摩擦。事后当你知道这就是你的相亲对象时,你要怎么化解这一段不愉快的插曲呢?如果你对对方还比较满意的话,那么这件事将会成为你在对方印象中的污点哦。

C.可能会慢慢喜欢上它

吃饭被噎住了。谁都想在相亲的过程中给对方留下一个好印象,可是不知道相亲那天你是因为太饿还是因为紧张,吃饭的时候竟然被噎住了,不停地咳嗽,让对方既无奈又无语,真是好窘啊。

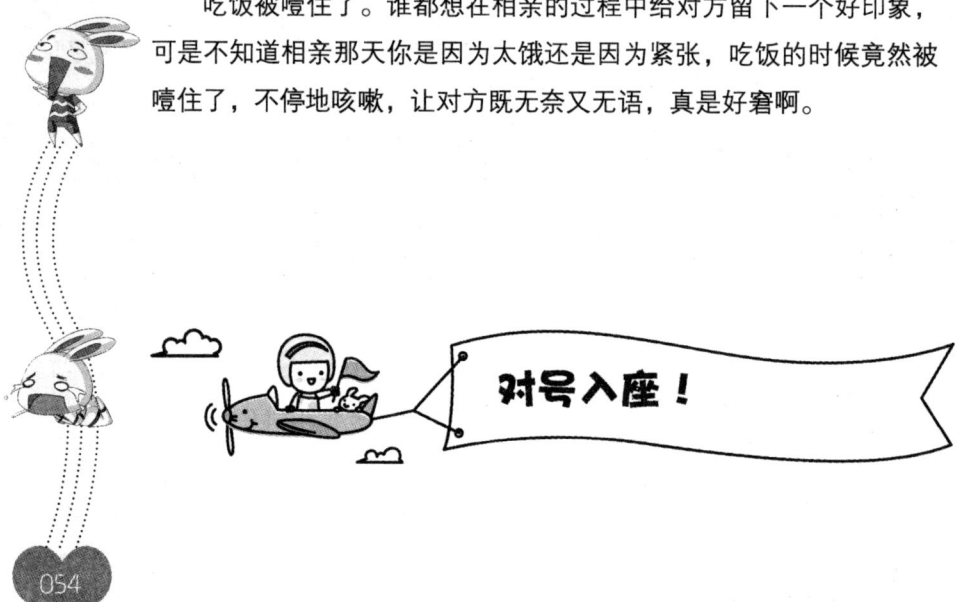

从点菜看出你的性格

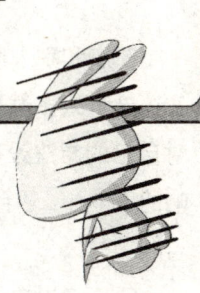

当你和朋友或其他人到了一间饭店或酒店里用餐时,你点菜时通常是:

A.不管别人,只点自己想吃的菜

B.点和别人同样的菜

C.先说出自己想吃的东西

D.先点好,再视周围情形而变

E.犹犹豫豫,点菜慢吞吞的

F.先请店员说明菜的情况后再点菜

 测试结果:

A.不管别人,只点自己想吃的菜

你是个乐观、完全不拘小节的人。做事果断，但是否正确却难说。先看价格后，迅速做出决定的人是理性的；选择自己想吃的人是享受型的；比较价格与内容才决定的人，为人吝啬。

B.点和别人同样的菜

这种人多数是从众型的，做事慎重，但往往忽视了自我的存在。对自己的想法没有自信，常立刻顺从别人的意见，这种人是易受人影响的人。

C.先说出自己想吃的东西

这种人性格直爽、心胸开阔，难以启齿的事也能轻而易举、若无其事地说出来。待人不拘小节，可能是为人缘故，有时说话尖刻，也不会被人记恨。

D.先点好，再视周围情形而变

你是个小心谨慎，在工作和交友上易犹豫的人。此类型的人给人的印象是软弱的。想象力丰富，但太拘泥于细节，缺乏掌握全局的意识。

E.犹犹豫豫，点菜慢吞吞的

你做事一丝不苟，安全第一。但你的谨慎往往是因为过分考虑对方立场所致。你能够真诚地听取别人的劝说，但不应该忘掉自己的观点。

F.先请店员说明菜的情况后再点菜

你是个自尊心强的人，讨厌别人指挥自己，在做任何事之前，总是坚持自己的主张，做任何事都追求不同凡响。做事积极，在待人方面，重视双方的面子。

唱KTV探知你的性格

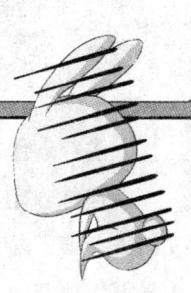

你喜欢唱KTV吗？看看自己或朋友是哪一种唱法呢？

A.闭着眼睛唱

B.不管音阶，扯着嗓子唱

C.讲究动作、仪态

D.两手紧握麦克风

 测试结果：

A.闭着眼睛唱

你一定是个感情丰富而坦率的人，当你遇到热衷的事物你就会一头栽进去，而且不理会别人的想法、看法。但可别太沉醉于自己的感觉而忘了周遭人，否则惹得大家嫌弃或躲避你都不知哦！

B.不管音阶，扯着嗓子唱

相信你平常积压了太多压抑，所以才会在唱歌中尽情地发泄出来。基本上会这样唱歌的人有一种豪放的气魄。

C.讲究动作、仪态

相信你一定是颇有生活情趣的人，你不喜欢呆板的事物，是个善变的人，属于热情的典型，会去追求所爱的人和事物。但你这样会让人觉得你很花心，外遇也有可能找上你。

D.两手紧握麦克风

想必你是一个很容易紧张、羞涩的人，你是不是觉得自己很不引人注意，常觉得孤独呢？

对号入座！

你的被骗指数有多高？

假设有一天你不小心在森林里迷路，这个时候忽然有四种鸟类出现在你面前，并各自停在不同的方向对你说："出口在这边啊！"那么你会相信哪种鸟类的话呢？

A.雄鹰

B.鹦鹉

C.猫头鹰

D.鸵鸟

测试结果：

A.雄鹰：不辨是非　易骗度：★★★★★

只要别人用严肃的表情对你说话，你就会上当，而且只要以权威

的语气来骗你，你就会立即照做。

B.鹦鹉：全凭直觉　易骗度：★★★

你表面精明，但你的判断全凭外表，只要对方长得一副好好先生的样子，你就会立刻上当，是典型的"以貌取人"一族。

C.猫头鹰：警觉性高　易骗度：★

你被骗的可能性甚低，因为你的警戒心强，对任何事都抱着怀疑的态度，别人若想欺骗你是相当困难的。

D.鸵鸟：憨厚老实　易骗度：★★★★

你十分相信熟人，至今被骗过的经验一定多得数不清，朋友想骗你上当是件超级简单的事。

甩了你以后他有没有后悔?

被甩了以后你对他充满了恨意,可是也有无限的不舍,那么是不是只有被甩的人才伤心流泪呢?虽然我们转身潇洒离开,心里想:"放弃我,你会后悔的,总有一天你还会回头来找我的。"可是事实上也许并不是这样,没准他很快就会投入了别人的怀抱,那么想知道被甩后他到底有没有后悔过吗?

1.假使你可以免费得到一家店,你会选:
杂货小超市→第2题
日化商店→第6题
奶茶店→第4题

2.面对下面谁的过分请求,你比较有可能答应?

上司→第7题

恋人→第3题

父母→第5题

3.把谁交给你,你觉得更难照顾?
生病的小狗→第8题
一岁的孩子→第9题
七十岁身体健康的老年人→第12题

4.咖啡厅里只有一个服务员,他(她)忙得要命,原因是:
老板不肯多雇人→第7题
其他服务员都请假了→第3题
平时生意非常冷清,不需要更多服务员→第11题

5.晨跑的时候,有一个老人摔跤了,你会:
不敢帮忙,怕惹麻烦→第8题
赶紧去搀扶→第13题
知道会有人去帮忙,所以不想帮忙→第12题

6.上班快要迟到,等了很久都没打到车,你会:
干脆慢慢等→第10题
跑着去上班→第3题
先打电话到公司请假→第5题

7.下面三种职业,你认为哪种职业最容易患上胃病?
老师→第9题

医生→第14题

白领→第12题

8.假设你可以免费学一种乐器,你会学:

钢琴→第16题

小提琴→第15题

架子鼓→第19题

9.过节的时候,没有人陪你,你会:

自己吃大餐去→第15题

一个人看电视→第18题

独自上网→第20题

10.下面几种天气,你最讨厌哪种?

下大雨→第8题

非常闷热的晴天→第5题

细雨蒙蒙→第9题

11.下面三种毛绒玩具,你更喜欢哪个?

大抱熊→第14题

毛绒兔子→第9题

可爱的河马→第7题

12.下面所说的三个小孩,你觉得谁是成绩优良的学生?

戴眼镜的高个孩子→第20题

齐刘海的大眼睛女孩→第16题

校服很干净的小孩→第15题

13.如果要你从下面所说的三个人中选一个人做自己的驴友,你会选:

年轻的学生仔→第17题

三十岁的健壮男→第16题

平凡的女人→第15题

14.如果要你连续一个月都吃同一道菜,你会选:

京酱肉丝→第9题

番茄炒蛋→第17题

尖椒牛肉→第18题

15.如果厕所真有鬼,你觉得是什么样的厕所会有鬼?

贴白瓷砖的卫生间→F选项

反光镜面门的卫生间→D选项

水泥坑的卫生间→E选项

16.你觉得世界末日的时候,天空是什么颜色的?

红色→D选项

黑色→C选项

深灰色→E选项

17.下面所说的三个人,你觉得谁最能吃?

高个瘦子→F选项

高个胖子→E选项

身材健壮者→第19题

18.下面所说的三个人,你觉得谁有烟瘾?
年轻小伙→A选项
中年男子→第19题
老年男子→B选项

19.你看到一个坐在电车里偷偷发笑的人,你觉得令他(她)发笑的原因是:
他(她)想到了好笑的事→C选项
他(她)收到了令他(她)惊喜的短信→B选项
他(她)看到了窗外滑稽的画面→A选项

 测试结果:

A. 甩了你他早就后悔了

要问甩了你,他什么时候开始后悔的,真的很难说,也许从跟你分手的第一秒起他就开始后悔了,也许分手之后的那一夜他并没有什么感觉,而睡一觉起来,第二天,他就难受得不行了,后悔自己跟你分手,后悔自己身在福中不知福,但因为好面子,只好假装自己没事。

B. 甩了你他有一点后悔

和你分开以后,他确实是有些后悔,但也不至于后悔到把肠子都悔青了的地步。也许是因为他很懂得自我安慰吧,也许是他对你们这份感情已经绝望了,因为内心知道,只有分手才是最佳的抉择,所以只要当他的心里感到难受、惋惜的时候,他就会自我安慰,过去的就

让它过去吧。

C. 甩了你他从来没有后悔过

他做出的每一个决定，他都知道会有怎样的后果，如果他曾经预感到甩了你会让他后悔，他就不会把你抛弃。在跟你提出分手之前，他早就想好了，因为跟你分手了对他来说只不过是完成了一件自己想完成的事情罢了，没有什么值得惋惜的。既然已经把分手说出口就不应该感到后悔。

D. 甩了你他时时刻刻在后悔

也许他会对你说出分手也只不过是一时意气用事罢了，他是个很喜欢赌气的人，斗气成了他的乐趣，甩了你，你对他平时的不好，他觉得都在那一时之间报了仇，甚至因为甩你而感到大快人心，但他内心深处是不愿意跟你分手的，所以跟你分手之后他无时无刻不在自责。

E. 甩了你他有时候会感到后悔

跟你分手以后，他寂寞的时候、孤单的时候就会想起你的好，他难受的时候就会回忆起你们在一起的甜蜜时光，这让他会反省自己为什么要对你提出分手，这让他心里非常纠结，可是当他快乐的时候，他又觉得似乎分手是正确的，没有你，他的生活更加自由。

F. 甩了你他现在不会后悔，将来就说不准了

分手并没有能让他立即感到后悔，因为他的的确确还没有发现你的好。与其留他在你怀里枯萎，不如让他去犯错后悔。当他寻觅到了新的伴侣时，他就会知道其实你才是最适合他的，其实你才是他最应该珍惜的，到了那个时候，不管他有什么想法也只能作罢。

你骨子里有多少妖精气质？

假设你在人群中表演时，忽然有一只怪手来摸你屁股，你的第一个反应是：

A.告诉身边的人
B.反捏回去
C.赏他一巴掌
D.用眼神瞪他或是言语讽刺
E.开始想哭或逃开

 测试结果：

A.告诉身边的人
你是属于百年白蛇精型的人　指数：★★★

其实你是一个用情专一、执著的人，一生只希望遇到一个爱自己的蜂蝶。

B.反捏回去

你是属于万年老树精型的人　指数：★★★★★

你在感情的世界中是属于辈分极高的姥姥级，你希望自己能一手掌握蜂蝶的死活。

C.赏他一巴掌

你是属于无法成精型的人　指数：★

你其实是那种认命又神经麻木的人，因为有时候当你偶尔吸引到蜂蝶时，还不自知。

D.用眼神瞪他或是言语讽刺

你是属于千年狐狸精型的人　指数：★★★★

严格来说你是一个美丽的化身，很容易一个不小心就吸引到成群的蜂蝶为你起舞。

E.开始想哭或逃开

你是属于十年青蛇精型的人　指数：★★

事实上你只是一个功力不够的小丫头，想要招蜂引蝶却常被蜜蜂蛰到头。

你是异性心目中的哪种女人?

周末晚上跟朋友去酒吧喝酒,你会点哪种鸡尾酒?

A.激情海岸

B.长岛冰茶

C.玛格丽特

D.椰林飘香

E.红粉佳人

F.蓝色夏威夷

 测试结果:

A. 激情海岸:激情魅力型女人

你性感而充满激情,如同热情的鸡尾酒般,能点燃男人骨子里的

野性和欲望，让他为你热血沸腾，熊熊燃烧。你就是一朵热情而危险的小火焰，谁都无法抗拒你灼人的光和热，如飞蛾扑火一般，宁可被灼伤，也要靠近你。

B.长岛冰茶：神秘魅力型女人

你神秘而充满魅力，让男人觉得无法掌握，从而被你深深吸引，你深邃的眼眸中，好像藏着全宇宙的秘密，令人情不自禁地靠近、靠近、再靠近……你就像一杯醉人的酒，让男人对你上瘾，慢慢陶醉、陶醉，甚至慢性中毒。

C.玛格丽特：优雅魅力型女人

你优雅知性，坚持生活品味，注重每一个细节，力求完美。你的举止谈吐、一举一动、一颦一笑都是那么得体，自然而不做作。不仅外表精致，你还富有内涵，从内到外自然而然地流露出动人的优雅气质，就像一件精致的艺术品一样，让男人爱不释手。

D.椰林飘香：明媚魅力型女人

你像阳光一样明媚，像春天一样明媚，像五月玫瑰的笑靥一样明媚。你灿烂的笑容、活泼的言笑、快乐自信的态度，让周围的人如沐春风，不知不觉为你倾心。你举手投足间散发出的阳光味道，让男人都变成你的向日葵，围绕你转动。

E.红粉佳人：柔美魅力型女人

你像水一样温柔，像花朵一样甜美，你娇柔的气质，最能吸引男人和激起他们的保护欲，让他们时刻想拥你入怀。都说女人是水做的，你不仅如水一般柔美，你的个性还像水一样温柔而包容，在你身边，男人会时刻觉得放松而充满自信。

F.蓝色夏威夷：浪漫魅力型女人

你充满女人味和浪漫气息，你满脑子里都是浪漫的小创意和小主意，再平淡的生活，也可以被你过成梦幻浪漫的小夜曲。跟你生活在一起，每一天都是那么甜美而充满浪漫惊喜，随时都有意想不到的快乐，你的男人怎能不被你深深打动？

你骨子里潜伏着哪类公主气质?

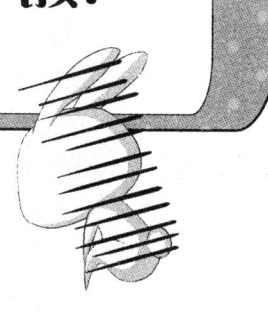

1.你喜欢哪一种发型?

露出耳朵→第9题　　遮住耳朵→第2题

2.在KTV中,你是哪一型的人?

第一个唱歌的人→第7题　　大家轮着唱→第3题

3.下雨天,面前有两种颜色的伞,你会打哪一把伞呢?

黄色→第4题　　蓝色→第5题

4.上课传纸条时,纸条掉在地上,你会:

赶快捡起来→E选项　　希望老师不会发现→J选项

5.打电话一直打不通,你会:
打到通为止→I选项   试别的办法→F选项

6.说话时有摸脸的习惯?
有→H选项   没有→I选项

7.牛仔裤和裙子,哪种比较常穿?
牛仔裤→第8题   裙子→第6题

8.如果要养宠物,想养哪一种?
狗→G选项   猫→H选项

9.喜欢哪一种款式的礼服?
传统正式的→第10题
有华丽金式的→第18题

10.若到郊外想去哪里?
山上→第11题   海边→第12题

11.吃自助餐时,你会:
只吃喜欢的→K选项   每一种都吃→F选项

12.你的笑声比较接近哪一种?
声音不大,但感觉全身都在笑的样子→F 大声地笑→E选项

13.若要防口臭,会吃哪种东西?
口香糖→第16题   水果→第14题

14.想买的东西就一定会买?
是→第7题   不是→第15题

15.喜欢做珠珠手链等手工?
是→D选项   不是→G选项

16.喜欢照相,还是喜欢被照?
喜欢照相→第18题   喜欢被照→第17题

17.逛街时朋友如果建议你买衣服,你会:
买→J选项   拒绝→D选项

18.英语和数学哪一科好学?
英语→第20题   数学→第19题

19.你无聊时会:
看电影→A选项   找朋友→B选项

20.男友的牙齿上卡了青菜,你会:
告诉他→B选项   装没看见→C选项

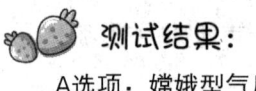 测试结果:

A选项:嫦娥型气质

性格：决不见异思迁。为了让深爱的人觉醒，你可远距离地思念。

B选项：贝尔型气质

性格：个性好强，言行也很大胆，就像《美女与野兽》中的贝尔，为了爱情可以牺牲自己。

C选项：灰姑娘型气质

性格：幻想会遇见王子的浪漫主义者。很容易陷入不切实际的卡通式幻想中。

D选项：莎拉公主型气质

性格：太过独立会让喜欢你的人退缩。看待男孩的眼光非常苛刻，你的漠视或许会让喜欢你的人伤心噢！

E选项：白雪公主型气质

性格：天真无邪，拥有不错的人气。像白雪公主一样可爱，让周围的人想照顾你，但受宠的你可能利用周围的人，要注意哟！

F选项：宝嘉康蒂型气质

性格：为了理想认真拼搏的甜妞儿。即不会在背后说人坏话，也不会嫌弃别人。

G选项：花木兰型气质

性格：朝气蓬勃的少女。天生的行动力会使你无视恋爱中的困扰或麻烦，全力以赴。

H选项:小美人鱼型气质

性格:凡事全力以赴的冒险家。希望为喜欢的人做任何事,但对对方而言,你的心情或许让他负担很重,多为自己想想吧!

I选项:睡美人型气质

性格:擅长等待,恋爱时永远被动。就像为了王子的吻而等了一百年的睡美人。

J选项:天鹅公主型气质

性格:不善竞争,容易放弃的胆小鬼。你如果想与王子谈恋爱,就得先破除魔法。一旦发现王子背叛,就只得远离世事躲在湖中。

K选项:小甜甜型气质

性格:不懂得怀疑,拥有纯真的心。

你最难搞定的情敌会是谁?

这个世界上一物克一物,有与你"登对"的伴侣,就有与你"登对"的情敌。什么样的情敌对你来说会最难缠,让你觉得手足无措呢?

1.请问你是否很讨厌对方约会迟到?
A.还好,顺便利用时间做点杂事
B.有点讨厌,不过心情好时就算了
C.很讨厌,迟到一分钟搞不好我就会破口大骂

2.你跟男友之间是否时常争执吵架?
A.会有意见不合,可是多半能沟通

B.真的很火时,可能就会大吵一架

C.讲话比大声是我俩的专属

3.你本身是否很能够适应没有爱情的日子?

A.很难,看人家成双成对就会很羡慕

B.有点难,夜深人静一个人时就会觉得寂寞

C.不会很难,还是可以找得到事做

4.如果生日时对方忘了送你礼物,你会?

A.很生气,这么重要的日子竟然忘记

B.会生气,不过会先给对方解释的机会

C.他如果是因为一些琐事耽误我就会生气

5.你喜欢甜言蜜语吗?

A.喜欢,就算知道是骗人的

B.喜欢,不过不喜爱乱褒一通的人

C.喜欢,只要是发自由衷的赞美

6.你本身喜欢逛街购物吗?

A.很喜欢,很容易就带了很多战利品回家

B.一般喜欢,不过较偏好感觉不错的店

C.不太喜欢,有时间才去逛街

7.听到人家说你坏话时,你会?

A.很难过,觉得他们为什么这样

B.不予置评,真的欺人太甚才反击

C.不能接受,会马上回应对方

8.严格来说,你希望自己的男人是?
A.很会疼惜自己的男人
B.多金事业有成的男人
C.谈得来、有智慧的男人

 测试结果:

得分规则:每题选A=1分,B=3分,C=5分

【8~16分】【西施】VS【李师师】

你对爱情很执著,所以你也很容易感情用事缺乏理智。过于无理取闹、情绪性的要求只会造成反效果,甚至让你的男人感到困扰。遇到善于察言观色、知道男人到底想要什么的一代名妓李师师,你除了天天后悔以泪洗面之外,大概什么事也不能做。

【17~24分】【红拂女】VS【孟姜女】

良禽择木而栖,更别说女人想倚靠一辈子的婚姻。在爱情上,你就是个追求真爱的红拂女,随时准备另投他方。就算不出轨,也会将不满反映在日常表现上,让你的男人实在不放心。这时再出现对爱坚贞不移的孟姜女,你大概也难留住他的心。

【25~32分】【王昭君】VS【李香君】

你本身很有条件,也对自己相当有自信,对另一半的要求尤其高,不会轻易给身边的男人机会。就像色艺俱全不肯贿赂画师的王昭君,当遇到知书达理,可以和男人大方谈天的李香君,你大概只能再次跟爱情错过,怨叹这个男人实在不识货。

【33~40分】【正直姐】VS【潘金莲】

一个直来直往、刚正不阿，说话永远一板一眼、不假辞色的正直姐，遇到会主动挑逗、勾引男人，极尽魅惑、狐媚之能事的潘金莲型的情敌，又哪里是对手？

你是清纯女还是小恶魔?

假设你已经到了天堂,有一扇门要推开,那么天堂的门是什么样呢?

A.红色的门、蓝色的门锁

B.黄色的门、透明的门锁

C.蓝绿色的门、紫罗兰色的门锁

D.粉红色的门和门锁

E.绿色的门、紫红色的门锁

 测试结果:

A.红色的门、蓝色的门锁

清纯指数60分。选这个颜色的人喜欢新鲜事物,有一颗永远不老

的心,所以不管60岁还是80岁,你的内心都非常童贞,优点是很单纯,看到什么事情都觉得很新鲜,但缺点是可能年纪很大了,还是想尝试新鲜,容易遇到危险。

B.黄色的门、透明的门锁

清纯指数40分。通常选这种颜色的门的女孩属于理智冷静型,也许你之前已经吃过很多的亏,所以现在很保护自己,比如说,你以前有被骗钱的经历,现在便会设很多的借口不跟别人有金钱往来,其实你还是很单纯的,只是外表已经相当理智跟冷静。有一点小恶魔的矜持,会抢着先做坏人。

C.蓝绿色的门、紫罗兰色的门锁

清纯指数80分。事实证明,你是很好相处而且是属于坚持原则的人,你相信人都是善良的,你对人家好,人家应该不会出卖你,这个原则不管被骗多少次你永远不会变,然后再遇到其他的人要骗你时,你也会相信人是善良的。这类型的人内心非常单纯、保守与淳朴。

D.粉红色的门和门锁

清纯指数100分。你属于非常敏感跟善良的人,不管年纪是大还是小,内心都是相当敏感的,看电影容易掉眼泪,生活当中发生任何小事,你都会很开心地落泪或是微笑,不会变得世故。

E.绿色的门、紫红色的门锁

清纯指数20分。通常选择这种颜色的人心里面有一个明确的目标,不管怎样,只要达到目标就对了,也许你以前有受过伤,所以你的目的很明确,因此清纯指数比较低,比较不容易被骗。

你灵魂的真身是何物？

灵魂自古以来便定为是非物质的。在哲学家眼里，灵魂和肉体是不可分割的，诗人却说灵魂高高在上。而我们普通人眼中的灵魂，触碰不到却会让人有感觉，你想知道自己的灵魂的真身是什么吗？是以何种方式出现的？

1.你对来世的态度是：
既然灵魂不灭，就一定会有来世→第2题
今生有未尽的思念，才会期待来世→第4题
宁愿没有来世，至少不必受轮回之苦→第3题

2.你想象中"月上柳梢头，人约黄昏后"的月亮该是什么样子？
满月→第5题　　弦月→第4题

3.哪种坏情绪会令你感到无所适从呢?
愤怒→第5题　　沮丧→第6题

4.你是否期待可以看到未来?
是的,想知道自己将来会怎么样→第7题
不是,只想一步步走过去→第8题

5.你认为哪种音乐更符合"穿透灵魂的天籁"?
摇滚→第7题　　蓝调→第6题

6.你认为自己的性格比较符合:
大海的包容→第8题　　高山的坚韧→第9题

7.说谎时,会用哪种方法掩饰自己内心的不安?
拼命说话→第9题　　眼睛看别处→第10题

8.你判断一件事往往凭借:
直觉→第9题　　证据→第11题

9.你认为蓝色给人的感觉是?
豁达→第13题　　忧郁→第11题

10.心情不好的时候你会:
独处或听音乐→第13题
吃东西或煲电话粥→第12题

11.你喜欢过哪种生活?
闲适自在的生活→第14题
充实忙碌的生活→第12题

12.你认为人生的每个阶段都会有不同的心境,同样的事也会有不同的选择,是吗?
是的→第14题   不是→第15题

13.如果喜欢一个人,你会想要知道关于他的一切吗?
是的→第15题   没有必要→第16题

14.如果可以的话,你想过一段什么样的生活?
参禅悟道的生活→第16题
闪光灯聚焦的明星生活→B选项

15.是否认同"只要最爱的人能够幸福,即使这幸福不是我给的"?
是的→E选项   不是→D选项

16.如果终其一生都无法遇到一个可以令自己爱到义无反顾的人,这样的人生太苍白了,你这样认为吗?
是的→A选项   不是→C选项

 测试结果:

A选项:漂泊的云
你有一个如云般自由随行的灵魂,自由自在地在天际漂泊、游

走。无论做任何事，你都希望能够按照自己的意愿进行，如果不可以的话，你宁可彻底放弃，也不愿处处受制于人。但由于现实环境所迫，总有些地方要受人制约，总有些在你看来无谓的规则要去遵守，这一切就如同织就了一张硕大的茧将你束缚。或许对别人来讲，一切本是从来如此，但你却无时无刻不想挣脱这些束缚。你憧憬自由，向往自由，你渴望自由地呼吸、自由地行走，并且可以不惜一切代价追求灵魂的自由。

B选项：金色阳光

你有一个阳光般灿烂、温暖的灵魂，将金色的光彩普照到世间每一个角落。你天生善良、感性，凡事都会顾全大局，为别人着想。感情在你的心中占有很重要的位置，无论是亲人、朋友，抑或爱人，凡是自己在乎的人，你都会心甘情愿地为他们献出自己全部的爱，为他们付出再多也没有丝毫抱怨。面对自己的爱人，能够最大程度地激发你灵魂中的母性，你很愿意像母亲一般给予对方最深的关爱与照顾，让他们因为有你而感到无比幸福。

C选项：流动的空气

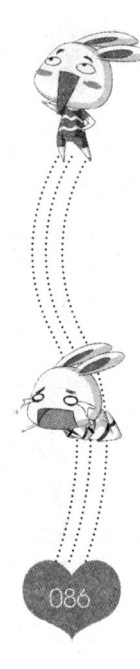

你有着一个像空气一般孤独、寂寞的灵魂，空气无处不在，谁都能够感受得到，但却没有一个人可以抓得住。这个喧嚣、聒噪的世界早已令你感到厌倦，你无时无刻不想着逃离这里。围绕着的人们丝毫没有减少你内心的不安，反而令你感到无边的压抑。人与人之间千丝万缕的关联只能给你增加负担，你渴望一个不受人干扰的空间，像古代的隐士一般独守一隅，只与清风明月为伴，行扁舟、赏垂柳，一世风流。

D选项：永夜的微尘

你的灵魂像暗夜的微尘般带点邪恶和危险，这里没有光明也不需要光明，只有永远的夜。你的思想有些极端，追求的永远是处在两极的东西，极端的完美，抑或极端的破碎，而不会存在中庸的东西。你不相信承诺，认为这世界上能够信任的只有自己，只有抓在手中的东西才是真正可靠的。你的性格里带有一定的危险因子，通常你会为了一样东西或一个人而执著很久，为达目的不择手段，而不在意自己的行为是否会对他人造成困扰。

E选项：剔透的水

你有着水一般玲珑剔透又充满灵性的灵魂，使得周围的一切都会因你的光彩而自惭形秽。你有一颗犹似水晶的心肝，周身都散发出一种淡淡的哀愁，你的忧郁气质总在不经意间感染身旁的人。你总是有太多的心思，什么事都想得太多，但是又不愿将自己的心情和别人分享，有了忧愁也是独自伤神，给人很难了解的感觉。其实，你只是天性比较安静而已，而且你只愿意把自己的快乐留给朋友，虽然你常常在笑，但是人们记得的却总是你的忧郁。

你最需要什么特质的朋友?

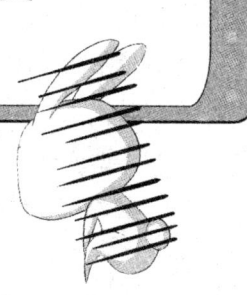

朋友是人生中不可多得的宝物,他们在你身边用真心来守护你,并希望得到你的真诚相待。互相分享心得,共同享受人生,好的朋友是瑰宝,值得到死都在一起。然而能陪你快乐的朋友很多,在你痛苦时,哪种特质的朋友能够抚平你的伤痛呢?

1.你觉得哪一种舞会更适合你?
很丰富的化妆舞会→第2题
知名人士很多的上层交际舞会→第3题

2.你看见角落有一个垃圾桶,你觉得它会是什么颜色的?
橙色的→第3题　　蓝色的→第4题

3.你比较喜欢哪一类音乐?

流行乐→第6题　　摇滚乐→第5题

4.圣诞节的时候你想去什么地方?
教堂→第6题　　和朋友们在家里过→第5题

5.如果看到一起工作或者学习的人跟你穿一样的衣服,你会?
再也不穿这件衣服了→第7题
继续穿自己的→第9题

6.你衣柜里什么衣服最多?
背心和内衣→第7题　　外套和裤子→第8题

7.吃完饭你会什么时候洗碗?
起码过上一会儿才不甘不愿地去洗碗→第8题
吃完马上就洗掉→第9题

8.你玩游戏的时候一般玩什么游戏比较多?
大型网游,有趣一些→第10题
单机小游戏,比较擅长,也比较喜欢→第11题

9.你身边的人变换的频率高吗?
不断地增加新的人,以前的朋友也会在身边→第12题
新的朋友会取代老朋友的陪伴→第10题

10.周围的人穿什么颜色的衣服会比较吸引你的注意力?
很鲜艳的颜色→第13题

搭配很奇特的颜色→第11题

11.你看一本很长的小说的时候,会选择什么样的看法?
顺着小说往后看→第12题
看了开头然后翻到最后看结果,再慢慢看全书→第13题

12.你能记住多少个身边的人的生日?
五个或五个以上→第15题　　五个以下→第14题

13.你养过很多小动物吗?
没养过→第15题　　养过→第14题

14.你觉得怎样的话语能够让你更加努力地做事呢?
一直赞美你的工作成绩→A选项
别人看不起或者批判会更加激励你→C选项

15.如果你面前有以下两样东西,你会选择什么?
戒指→B选项　　现金→D选项

测试结果:

A选项:热情型 治愈指数:★★★★★
你是个身边会有很多酒肉朋友的人,即便如此,你偶尔却会感到很孤独。保持着一颗赤子之心单纯且又热情活力的朋友,能够陪你一起疯,一旦想要做什么事情就会立刻去做,哪怕只有一天的假期也要一起坐上火车去自助游。这样的人能够让你感受到年轻的气息,让你觉得愉快和心灵相通,在你有心事的时候陪你一起难过,你高兴的时

候和你一起分享而不是嫉妒。虽说有些像大小孩,不能帮你分析不能帮你解决麻烦,但在伤痛时能和你一起哭一起笑,陪你逃走,反而让你感觉到治愈。

B选项:依赖型 治愈指数:★★★★
你是一个很要强的人,表面上大大咧咧内心却很倔强,不是大小事都会找人诉苦而是尽量不给别人找麻烦的类型。你是个保护欲很强的人,会情不自禁地去保护身边的人。你的朋友有时候会不能理解你的良苦用心而让你很难过。反而那种比较依赖别人,对待事情不喜欢思考过多,单纯而且容易信赖别人的朋友会在你伤痛时陪伴你,他们往往人情味很重,一旦理解你是为他们着想,就会毫不犹豫地相信你而且受你的保护,他们普遍脾气比你好,虽然平时不会装作很有义气,不会说些好听的话,但在你真正需要的时候会陪伴在你身边,抱着你让你觉得温暖,用全部的时间和精力照顾你,而且一直会站在你这边。

C选项:睿智型 治愈指数:★★★
你的好胜心太强,身边的朋友也并不特别多。你不喜欢冲动易怒的人,能力差的人也不在你的交友范围之内,总体来说你算得上一个比较挑剔的人了。在受到伤痛时你也断然不会随便找人去诉苦,这时能够帮助你的朋友是平日里就长久在一起的,他们普遍和你的性格相似,见解相似,喜欢和讨厌的类型都很相似。睿智的朋友可以帮你分析问题,帮你理智地分析和解脱,帮你实质性地解开心结。因为你的内心是真正的强势,因此比起无谓的嘘寒问暖,你更需要的是一个像伙伴一样的治愈型朋友。

D选项：温柔型 治愈指数：★★★★★

　　你是需要别人保护的类型，所以能够帮助你的朋友会比较细心，而且是会很照顾和迁就你的类型，你会很依赖他的看法，会在做事情之前参考他的意见。你属于很没有安全感的类型，但是忌妒心并不强，他能够带给你一些新鲜的空气和环境，让你感受到自身的价值，对待事情会变得更自信。遇到伤痛时，他们不仅能够温柔地照顾你，更能够帮你提出有用的见解让你体会到问题的关键所在。

你现在有多寂寞？

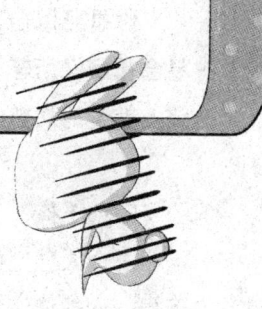

终于搬到了梦寐以求的乡间小木屋，这时体贴的好友想在木屋外最适合观赏日落的位置买一张休闲的长椅给你，你想这椅子会是什么样子的呢？

A.藤制凉椅
B.古朴的长椅
C.秋千椅

 测试结果：

A.藤制凉椅

你是一个很怕寂寞的人，只要一寂寞就会忍不住悲伤，把自己弄成多愁善感的样子。其实人生就是这样，你也不必想得这么多，快乐点过日子吧。

B.古朴的长椅

你是可以自己独处的人，甚至可以很享受这种感觉。只是你很容易会被回忆所苦，虽然平时就像个陀螺一样打着转，可是一旦思潮沉淀，就会为从前的种种感到无比唏嘘。哎……放轻松点吧。

C.秋千椅

一个人独处的时候，你最常做的事就是发呆，不然就是没事东想西想，你很能沉醉在自己的幻想世界之中。你是一个性情中人，可能为任何事感动得痛哭流涕，不过偶尔流流泪对身体也是有益的噢。

看你醋劲有多大？

假若今天你看到自己喜欢的人正和你的同性好友相谈甚欢，你会采取什么态度？

A.若无其事地走过去，加入话题

B.装有要事，把自己的同性好友叫出来

C.假装没看见，匆匆退出

D.等他们讲完，再刺探谈话内容

E.当场醋劲大发，指责好友不够义气

测试结果：

A. 若无其事地走过去，加入话题

你是个很有自制力的人。凡事拿捏得恰到好处，既不退缩也不破坏，很适合做老师或公关类的工作。

B.装有要事，把自己的同性好友叫出来

太明显了吧！万一对方根本不喜欢你，那此举可能就会让她对你的印象大打折扣了。因为，现在的青年男女大多崇尚开放、自由的人际关系，强烈的占有欲只会招致反感。

C.假装没看见，匆匆退出

你是那种只会将情感隐藏起来的传统主义者，羞于向对方表达自己的情感，只有独自躲在棉被里哭的份儿，因此，这种类型的人通常长得较纤瘦、弱不禁风。

D.等他们讲完，再刺探谈话内容

你是醋性超强的纯情种子，坚守一生只爱一个人的信念，但是，吃醋的时候并不会让对方知道，只会借由旁敲侧击的方式，辗转获知对方的一举一动。

E.当场醋劲大发，指责好友不够义气

一根肠子通到底，眼里容不下一颗沙子，都是描述你的最贴切的句子。什么话都没办法放在心里，因此，当脾气发过之后，也很容易恢复原先正常的情绪，为自己鲁莽的行为后悔不已。可以说，你当然是个醋坛了，但也是最容易哄骗的人了。

 ## 玻璃珠测你最希望拥有什么

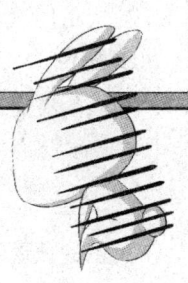

在一个玻璃水杯内有一粒玻璃珠,你认为是什么颜色的?

A. 红色

B. 橙色

C. 黄色

D. 绿色

E. 蓝色

F. 黑色

G. 彩色

H. 透明

测试结果：

A. 红色

红色的玻璃珠代表了这一刻的你最希望拥有美好的爱情。

B. 橙色

橙色的玻璃珠代表了这一刻的你最希望拥有幸福的家庭。

C. 黄色

黄色的玻璃珠代表了这一刻的你最希望拥有丰盛的财富。

D. 绿色

绿色的玻璃珠代表了这一刻的你最希望拥有健康的身体。

E. 蓝色

蓝色的玻璃珠代表了这一刻的你最希望拥有自由的人生。

F. 黑色

黑色的玻璃珠代表了这一刻的你最希望拥有渊博的知识。

G. 彩色

彩色的玻璃珠代表了这一刻的你最希望拥有绚烂的事业。

H. 透明

透明的玻璃珠代表了这一刻的你最希望拥有广泛的思觉。

你需要一百分的情人吗?

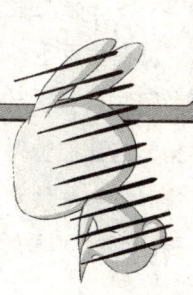

你遇见梦寐以求的超级巨星,并且有机会向他索取一样印有他照片的礼物,请问你会选什么?

A.一张剧照
B.一张海报
C.一本小记事本

 测试结果:

A.一张剧照

在你心中有一个一百分恋人的模型,偶尔也会想到他,希望在午夜梦回时,他能睡在你的身边,听你说枕边细语;情绪低落时,他能安慰你、抱抱你;快乐开心时,他能与你分享;购物血拼时,他能帮

你付钱、提袋子……但老实说，这些都只是想想而已，因为你知道这世上并没有一百分的恋人，那只不过是一种心情而已。

B.一张海报

在生活上，你需要有人在一旁照顾；在精神上，你需要有人在一旁呵护疼爱，没有人比你更需要一百分的恋人了。你喜欢依赖的感觉，这让你觉得幸福、有安全感，像在冬天喝到一碗热汤，在下午嘴馋时吃到一块刚出炉的面包。对你来说，那样的感觉比爱情本身更重要，可以支撑你继续快乐地恋爱到永远。

C.一本小记事本

每个人当然都渴望身旁有个一百分的恋人，你也不例外，只是如果自己福分不够，无法真正拥有，你也不会强求或遗憾，兵来将挡、水来土掩，懂得认清事实、面对问题才是最重要的。你算是蛮独立的人，自己该处理的事不喜欢他人帮助，即使与亲人在一起，要的也只是一份温暖的感觉，而不是百依百顺。

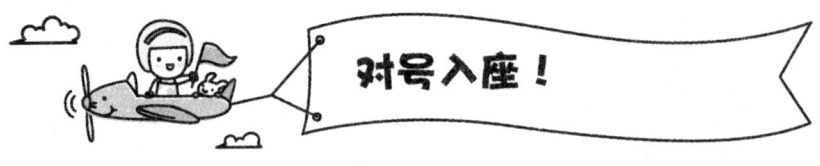

你的胆子有多大？

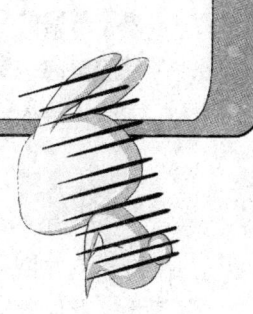

1.贞子馆

夜深人静，你正在看电视，忽然自动关机，有个家伙从电视里爬出来，你会：

吓得抬起电视机丢到窗外→第2题

拍手叫："加油！加油！"→第3题

惊叹："现在科学真是发达！"→第4题

2.生化寿尸馆

你家人忽然变成僵尸，到处咬人，枪都打不死，怎么办？

炸死他们！→第5题

让他们咬，你也变成僵尸，一起横行霸道→第3题

3.鬼娃娃花子馆

日本厕所出现幽灵,你会认为是:

鬼子杀害的平民鬼魂→第6题

屁股灵魂→第7题

死党捉弄你→第8题

4.咒怨馆

你进入一间屋子,发现怨气好重,连手上的佛珠都突然断开,掉了满地。此时此刻,你心里念叨什么?

乘法口诀,以分散注意力,减少恐惧→第9题

爆粗口→第5题

5.猛鬼街馆

你在梦里被人追杀,如果不幸被杀,现实中的你也会死,你会:

好想闹钟快快响→A选项

怎么会有这种事?被杀也不怕→B选项

6.姐魅情深馆

有个和你一模一样的人出现,而且取代了你的身份,人人以为他(她)就是你,你会怎样证明你才是你自己?

杀了他(她)→第10题

不停流口水傻笑说胡话,等人家认出弱智那个才是你→第11题

用智能身份证和电子证书→第9题

7.鬼眼馆

全世界都看不到你,只有一个有阴阳眼的小孩看到你,你会:
挖了这小鬼的眼珠子,叫他再多事→第12题
到处偷东西,甚至可以欣赏别人洗澡→第10题

8.不速之客馆
家里出现了你看不到的人,你洗好的内裤他又给你弄脏了,你会:
请个法师来洗内裤→B选项
请个菲佣来做法事→第9题

9.魔鬼餐厅
魔鬼请你吃饭,要你选以下三种中的哪种?
扬州炒饭→第13题
巧克力人手指→第14题
意大利芝士饼→第11题

10.与鬼同桌馆
你有第六感,发现你的好朋友是个杀人狂,你会:
立马和他断绝来往→B选项
问他要签名→C选项
要他帮你做掉平时看不顺眼的家伙→E选项

11.三更馆
你晚上经过一条小巷,竟然见到有人在洗尸体。真是受不了!
最难以接受的是,他竟然用你那瓶沐浴露→第12题
最难以接受的是,他一边洗一边吹口哨→第10题

12.见鬼馆

有个刚做完眼角膜移植手术的朋友老是说你后面有人,你会:

宁可信其有,向后面开几枪再说→D选项

当他脑子有问题→C选项

13.我左眼见到鬼馆

如果你有一只阴阳眼,你希望:

如果是A眼,就只用B眼看东西→第10题

可以选C眼→第14题

14.异度空间馆

你有没有哥哥(张国荣)的影碟?

没有→D选项

有→E选项

 测试结果:

A选项

你是个彻头彻尾的胆小鬼,大喊一声都可能被吓死!

B选项

蕴藏量丰富,有很大的开发潜力。

C选项

胆大包天,不当恐怖分子真是屈才!

D选项

放心,你有正常人的胆量。

E选项

看上去你是很猛,胆子也比平常人大得多,但其实有某种东西你特别害怕。

喝酒测试人际关系

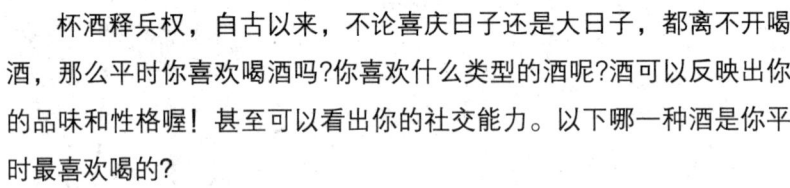

杯酒释兵权,自古以来,不论喜庆日子还是大日子,都离不开喝酒,那么平时你喜欢喝酒吗?你喜欢什么类型的酒呢?酒可以反映出你的品味和性格喔!甚至可以看出你的社交能力。以下哪一种酒是你平时最喜欢喝的?

A.啤酒

B.白酒

C.红葡萄酒

D.白葡萄酒

E.香槟酒

F.鸡尾酒

G.不喝酒

测试结果：

A.啤酒

喜欢喝啤酒的你，个性随和，与任何人都能谈得来，没有架子，容易获得他人的好感，社交性强，真心对待朋友，当朋友有难的时候，你会伸手援助，令朋友对你颇为感激，因此，你有困难的时候，朋友也会鼎力相助。

B.白酒

喜欢喝白酒的你，非常善于社交，喜欢结交朋友，交友广阔，只要自己看得顺眼的人，都会打开心窗与其交往，甚至会将自己全盘托出，不过在交友过程，你需要慧眼识人，并不是每个人都同你一样真心对人。

C.红葡萄酒

喜欢喝红葡萄酒的你，是一个遇事冷静、踏实能干之人，不过对金钱较为执著，往往被误认为是小气之人。工作和做事格外小心，连交友都会查清楚对方的底细，才会一起交往，在朋友眼中你是外向但有点吝啬之人，会因为钱财纠纷与朋友断绝交往。

D.白葡萄酒

喜欢喝白葡萄酒的你，是感情用事、喜欢幻想的人，对世界一切充满希望，有点不切实际，你容易落入交友陷阱，对他人没有防备心，导致你容易被他人利用。不过你是一个很好的合作伙伴。

E.香槟酒

喜欢喝香槟酒的你，骨子里有追求豪华、高贵的倾向，你喜欢通过认识朋友来抬高自己的社会地位，一些不符合你择友条件的人很难成为你的朋友。由于你择友带有目的性，很多朋友认为你不够真心，因此你的知己好友不会太多。

F.鸡尾酒

喜欢喝鸡尾酒的你，是个相当有才华和才干之人，举止优雅，做事有分寸，在社交方面宁缺毋滥，你不会刻意讨好别人，也不会轻易得罪他人，你觉得朋友不需要太多，有那么几个真心知己就可以了，虽然如此，可你在处理人际关系方面却非常有自己的一套。

G.不喝酒

不喜欢喝酒的你，个性保守、内向、敏感，有点胆小和脆弱，不善于表达自己的心中所想，也不轻易透露自己的心意，因此在交友方面，你比较吃亏，你很难认识新朋友，总觉得与陌生人交流是一种困难。

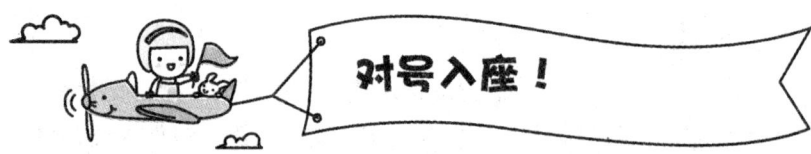

对号入座！

你的人缘如何？

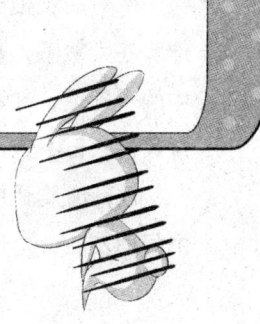

人缘不好不是问题，问题常常在于自己为什么会人缘不好？为什么莫名其妙地被排挤和讨厌？这里设计了一个小测验，帮助你揪出问题的所在。测验开始：伸出你的右手，看看你的五根手指头，哪一根是你觉得最满意的呢？

A.选择食指的人

B.选择无名指的人

C.选择大拇指的人

D.选择中指的人

E.选择小指的人

测试结果

A.选择食指的人

你对朋友相当好,甚至是两肋插刀也在所不惜的人物。只是有时你实在太敏感,甚至有点神经兮兮,一点点的风吹草动或是朋友无形中的一句话,你都认为跟你有关,也让你相当在意,甚至到达"余音绕梁,三日不绝"的程度。

放开心胸让朋友了解你,并试着让生活多点幽默,你会拥有更多的好朋友。

B.选择无名指的人

你很容易就跟陌生人打成一片,成为无所不谈的好朋友。只是随着双方彼此越来越熟稔,你也会越来越失去分寸,分不清朋友之间的界线。你也许心中把他当成好朋友,有什么困难都可以直接找他,可是对方却觉得你越来越烦人,甚至认为你喜欢对他颐指气使。

C.选择大拇指的人

你的个性过于心直口快,而且对自己过于自负不懂得谦虚。在团体中你也经常居于主导的角色,久而久之,便容易让人觉得你很刚愎自用,凡事都以自己为主,而他们几乎都是敢怒不敢言。改善方法其实很简单,有时多听取旁人的意见,让对方有受到尊重的对待,相信你的人气一定更上一层楼。

D.选择中指的人

其实你一直都是个很受欢迎的人。只是有时你的嘴巴太毒了,毒到让人家受不了甚至心生反感。偏偏你对于这样的状况又过于无所谓,不会主动沟通道歉,平白坐实你"目中无人"的罪名。其实幽默并不等于讥讽,虽然你的动机只是想引人注意,换个不伤人的方式相信效果会更好。

E.选择小指的人

你不应该是人缘不好,只是朋友太少。其实这跟你的个性有很大的关系。你交朋友的态度比较随缘,也比较不积极,脸上又常常是一号表情,遇到问题也不喜欢解释,无形中自然朋友多不起来。建议你可以专攻一项才艺,并适时地秀出自己,就算不主动也能吸引一车的人争着跟你作朋友喔。

你爱情的危险信号有多高？

我们的爱情总是会有热恋期、磨合期、平淡期，最后两个人能够一起白头到老的，那才是真正的幸福！那么爱情婚姻都是需要我们去经营的，如果出现了问题，我们要及时去挽救，可能当你把自己的想法强加于对方的身上，或是你自己太想控制对方时，都有可能导致你的爱情失败。所以及时地意识到爱情中的问题，我们就能够知道如何来维系我们的爱情。下面就来看看你的爱情危险信号。

1.一个听话的男孩突然变得很叛逆，你认为原因是什么？
他的父母要离婚了，这让他心情烦躁→第2题
他非常讨厌自己的老师→第6题
他的父母除了给他钱以外，不给他多的关怀→第4题

2.一个阳光的男孩变得忧郁,你认为原因是什么?

他失恋了→第7题

他受到了朋友的排斥→第3题

他的妈妈生病了→第5题

3.一个叛逆的男孩突然学乖了,你认为原因是什么?

他的家庭发生了变故→第8题

他为了讨好自己喜欢的女孩→第9题

没有什么特别的理由,只是因为他长大了→第12题

4.一个很帅的男孩喜欢上了一个丑姑娘,你认为原因是什么?

漂亮的女孩子的脾气都很不好→第7题

丑姑娘很像他死去的姐姐→第3题

丑姑娘给了他很好的感觉→第11题

5.一个很爱打扮自己的男生近来全然不顾形象,你认为原因是什么?

心理上受到了打击→第8题

学习太辛苦,没空打理自己→第13题

他发现自己不打扮有一种落魄的帅气感→第12题

6.一个不爱运动的男生最近天天去打球,你认为原因是什么?

想减肥→第10题

想引起某个女生的注意→第3题

想长高个→第5题

7.一个好脾气的男生最近很暴躁,你认为原因是什么?

他的学习成绩一塌糊涂→第9题

他的家庭有变故→第14题

他惹了麻烦不知道怎么处理→第12题

8.一个成绩很优秀的男生考试得了倒数第一,你认为原因是什么?

他因为谈恋爱而荒废学业→第16题

他因为玩网络游戏荒废了学业→第15题

他因为家庭原因无心学习→第19题

9.一个男生突然想学习抽烟,你认为原因是什么?

他觉得抽烟的男生很刁→第15题

他想让自己看起来更成熟→第18题

他没有原因地想吸烟→第20题

10.一个不爱吃辣椒的男生,在自己的面里放了很多辣椒,你认为原因是什么?

他喜欢上一个爱吃辣椒的女生→第8题

他仅仅是想尝试辣椒的滋味→第5题

他心里烦躁,所以自虐→第13题

11.一个正减肥的姑娘突然大吃一顿冰淇淋,你认为原因是什么?

她突然不觉得瘦才漂亮→第14题

她被喜欢的男生打击了→第9题

她想让自己腹泻罢了→第7题

12.一个很坚强的女孩哭了,你认为原因是什么?

她被老师责骂了→第20题

她的妈妈生病了→第16题

她喜欢的男生不喜欢她→第15题

13.一个贫穷的女孩,她买了一件三千元的衣服,你认为原因是什么?

她要去见男友的妈妈→第17题

她只是很想打扮一下自己→第16题

她中了彩票→第19题

14.一个成绩很差劲的女孩考试得了第一名,你认为原因是什么?

她是作弊得来的第一名→第9题

她开始努力学习了→第20题

这只是个巧合→第18题

15.一个爱睡觉的女生失眠了,你认为原因是什么?

失恋了→第D题

闯了祸→第C题

考试倒数第一名→B选项

16.一个可爱的、说话都很温柔的女生骂了脏话,你认为原因是什么?

她本来就会骂脏话→D选项

她想改头换面变成另一种人→C选项

她被人惹火了→E选项

17.一个爱美的女生穿着睡衣上街了，你认为原因是什么？

她本就认为睡衣很美→第F选项

她不想再每天打扮自己，那么累→E选项

她不在乎自己的外表了→第19

18.一个单身主义者突然要结婚，你认为原因是什么？

她真的爱上了一个人→A选项

她受了刺激→第20题

她的家人催她结婚→B选项

19.一个啰嗦的女生不爱说话了，你认为原因是什么？

她失恋了→F选项

她受了刺激→D选项

她突然意识到女孩太啰嗦不好→E选项

20.一个贪玩的女孩突然以事业为重了，你认为原因是什么？

她的闺密都比她厉害，她不甘示弱→C选项

她失恋了→B选项

她的家庭需要她这样做→A选项

 测试结果：

A选项 你的爱情危险信号是，你不确信他（她）值不值得你去爱。

当你这样想的时候就表示你已经动摇了爱他（她）的决心。你们的爱情会在你的怀疑中渐渐枯萎。如果你一开始就是很爱他（她）的，不管他（她）是不是真的如你想象中的恋人那般优秀，他（她）都是值得你去爱的。你之所以会怀疑他（她）是否是你的真爱，是因为你们长时间的相处，你对他（她）越来越了解，你发现了太多他（她）的缺点，因为他（她）的缺点你开始以为自己爱错了人，久而久之，你就会放大他（她）的缺点，而看不见他（她）的优点，你们的爱情很可能会死亡。

B选项　你的爱情危险信号是，你只是为了坚持而坚持。

你明明知道你的爱情并不是你理想中的爱，但你又不舍得放弃自己曾经付出过的努力。你走下去并不是因为你觉得前景灿烂，而是因为你只想对得起自己过去走过的路。为了坚持而坚持，只会让你感到非常疲倦，因为疲倦，就越来越没有耐心对他（她）好，你们的爱情终将死去。

C选项　你的爱情危险信号是，他（她）对你的偶尔冷漠态度是嫌弃你影响了他（她）的人生计划。

每个人在恋爱的时候总是会忽视自己的想法，更加看重的是对方的看法。因为你们恋爱了，他（她）就开始强迫自己放开自己的人生计划，而把你的计划当成是他（她）的计划，因为他（她）希望能够做到你们是一条心的，只是时间久了，他（她）还是忍不住去思考自己的人生，这样他（她）会嫌你碍手碍脚，打乱了他（她）的思路，如果你能够善于倾听或是引导他（她）说出他（她）的想法，也许你们会在一起更久。

D选项 你的爱情危险信号是,他(她)不再如从前一样对你关怀备至,是因为他(她)坚信无论如何你都不会离开他(她)。

你对他(她)的好他(她)都牢牢地记在心中,但却无法再对你无微不至了。这就是为什么很多人对陌生人礼貌客气,而对自己人反而会恶言相向的原因。这是一个安全范围界定的概念。他(她)知道不管他(她)怎么样,你都能包容他(她),这样会导致他(她)对你为所欲为,你们的感情也就会出现问题。

E选项 你的爱情危险信号是,他(她)把工作当做头等大事,是因为你在他(她)心中的地位不再重要。

他(她)最爱你的时候,难免会放下自己的所有事情,只把你看成是生命中最重要的角色。而当你们的爱情稳定下来之后,他(她)就不再那么想了,他(她)认为不管自己怎么欺负你,你好像都还是把他(她)放在第一位,所以他(她)开始恢复自己对事业的野心,同时你们的爱情就产生了危机。

F选项 你的爱情危险信号是,他(她)对朋友很仗义,是因为你根本就不及他(她)的朋友重要。

如果他(她)总是请朋友吃饭,如果他(她)总是对朋友无条件地信任和付出,那你就应该小心了。他(她)对你做不到的事情却能对朋友做到,那是因为你在他(她)的心里根本就没有他(她)的那些朋友重要,你能给予他(她)的只有爱情,而他(她)要对你付出的除了爱情以外还有责任。但相反他(她)对朋友的付出却都是能换来相同回报的,所以权衡一下利弊,他(她)还是觉得和朋友相处比较轻松。

测试你现在最想要的是什么

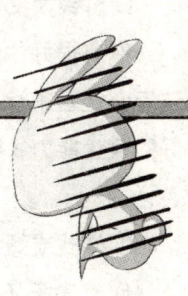

选好了衣服且付完账后,你较有可能为了什么理由而后悔?

A.品牌不具知名度或品质不够好

B.价钱太贵

C.样式或颜色不喜欢

D.尺寸大小不合适

E.不够流行,款式已陈旧

 测试结果:

A.品牌不具知名度或品质不够好

你喜欢受到别人重视,特别是能力、地位或知名度。品味高,使

你不知不觉成为高消费者,如果你只一味追逐金钱满足消费,不如反省一下,你更需要的是工作上的表现才能博得别人的重视。

B.价钱太贵

你有很好的金钱观,善于理财,但是常为繁琐小事所诱惑,而无法专心经营前途事业,你真正需要的是提升你的专业技能,使你有更好的谋生能力,赚很多钱之后,做个快乐的理财人。

C.样式或颜色不喜欢

你常常忍不住要挑剔别人,甚至缺口德地乱骂人,好像要求很高,却常常因为事情太多,而无法周详地思考。常需要别人能给你一些意见,但又觉得别人的意见不如你。你真正需要的是提升自己的品位,而且不受人影响你的决定才好。

D.尺寸大小不合适

你喜欢轻松愉快无拘束,马马虎虎的个性使你博得了好人缘,常常异想天开地做些惊人的决定,好奇心很重,没什么畏惧,你真正需要的是训练成为一个胆大心细的人才好,目前还太粗心。

E.不够流行,款式已陈旧

你有天真活泼的性格,精力充沛,好交朋友,常喜欢呼朋引伴地一道出门走走,天性外向好胜,需要赢过每一个挑战者或竞争对手。因此你需要训练某一方面才能特别优秀,来满足你的荣誉心。

从喜欢的宠物看出你的品味

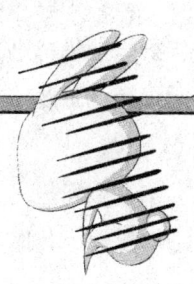

生活中你是个有品位的人吗？你喜欢养宠物吗？喜欢狗狗吗？喜欢什么品种的狗呢？若是让你选择下面的狗，你会选择哪个品种的呢？

A.圣伯纳犬
B.贵宾狗或博美狗
C.土狗
D.警犬
E.斗牛犬

 测试结果：

A.圣伯纳犬

喜欢体型庞大但个性温和的圣伯纳狗的人，通常也都是好好先生(小姐)。个性乐观进取、注重自然的生活品位、关心周遭人群是他们

的特性。

B.贵宾狗或博美狗

喜欢小型装饰犬的人通常是寂寞空虚的单身女性，或膝下无子的夫妇。他们将小狗当作是自己的子女，让他们睡在主卧室，和主人一起逛街、游戏、吃饭。

C.土狗

温柔、敦厚、富有同情心是这类型的人的特点。他们不以饲养名犬为乐，而只要一只不起眼却忠心敦厚的杂种狗相伴。他们是社会中最平易近人、最有亲合力的族群。

D.警犬

精力充沛、虎视眈眈、积极进取是警犬的特征，因此喜欢这种狗的人，多是高级知识分子，亦是社会的精英族群，如律师、医生、企业家等等。

E.斗牛犬

喜欢外形丑陋的狗，多属钻营功名利禄的人，他们常常怨天尤人，不甘于平凡。这类型的女性，对自己的外表、美丽多半缺乏信心，渴望别人主动向她示好。

你的忧郁指数有多高?

美国新一代心理治疗专家、宾夕法尼亚大学的伯恩斯博士曾设计出一套忧郁症的自我诊断表——伯恩斯忧郁症清单,这个自我诊断表可帮助你快速诊断出你是否存在着抑郁症,且省去你不少用于诊断的费用。

1.你是否一直感到伤心或悲哀?
2.你是否感到前景渺茫?
3.你是否觉得自己没有价值或自以为是一个失败者?
4.你是否觉得力不从心或自叹比不上别人?
5.你是否对任何事都自责?

6.你是否在做决定时犹豫不决?

7.这段时间你是否一直处于愤怒和不满状态?

8.你对事业、家庭、爱好或朋友是否丧失了兴趣?

9.你是否感到一蹶不振或做事情毫无动力?

10.你是否以为自己已衰老或失去魅力?

11.你是否感到食欲不振或情不自禁地暴饮暴食?

12.你是否患有失眠症或整天感到体力不支,昏昏欲睡?

13.你是否丧失了对性的兴趣?

14.你是否经常担心自己的健康?

15.你是否认为生存没有价值,或生不如死?

 测试结果:

得分规则:没有=0分,轻度=1分,中度=2分,严重=3分

【0~4分】 没有忧郁症

【5~10分】 偶尔有忧郁情绪

【11~20分】 有轻度忧郁症

【21~30分】 有中度忧郁症

【31~45分】 有严重忧郁症需要立即治疗

测试你目前在为什么烦恼

请你想象你正乘着热气球在环游世界的途中,突然气球急剧下落,原因是重量过重。此时你会最先抛下哪样东西呢?

A.照相机

B.时钟

C.大皮箱

D.灯

E.猪大肠

 测试结果:

A.照相机

照相机是用来摄下影像的机器,你之所以会为它烦恼,表示你因

无法掌握周遭的环境，而正为自己的未来烦恼着。凡是急欲知道自己未来的人，都会选择这个答案。

B.时钟

正如时钟规律的滴滴答答计时声，你的身体每一部分也随着时间正在运作着，所以我们也因此能活下去。因此，可以将时钟看作是我们的内脏。选择这一项答案的人，可能表示你生病了，或者怀疑自己的健康状态出了问题。

C.大皮箱

皮箱是用来装东西的。这在潜意识中代表着金钱。换句话说，丢弃大皮箱的人，表示很可能在金钱上正遇到问题。也许是收入不够，更可能是因为贷款中的分期付款，正在困扰着你。

D.灯

灯代表厨房中的火和房间中的照明设备。从灯中我们可以想象一家人正快乐地生活着。选择此答案的人，很可能正为家族或家庭的问题困扰着，也有可能因而走向离婚一族。

E.猪大肠

在食用前必须要洗净，就像是脱掉身上的衣服，可以代表异性的情人。当然在打开之后，我们还是要食用它，所以也可以代表"性"，选择此答案的你，表示正为异性问题困扰着。可能是双方正相隔两地，或者正在失恋当中。

幸福离你有多远？

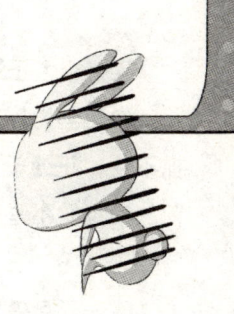

如果要画一只鸟和一个人的话，你会如何构图？

A.一个人正看着笼中的鸟
B.一个人正追着飞走的鸟
C.一只鸟停留在一个人的肩上或手上
D.一个人正向飞远的鸟招手
E.一只鸟在上空飞行着，而这个人对这只鸟毫不在意

 测试结果：

A.一个人正看着笼中的鸟
你的幸福其实已近在眼前了，却受到了一些阻碍而让你无法如愿

以偿，也许是你已有结婚的对象了，但对方家人反对你们的婚姻，或是你无法克服自己的心理障碍，所以婚期仍然未决定，可千万别让幸福溜走了！

B.一个人正追着飞走的鸟

你正全力以赴为自己的幸福而努力，你想抓住自己的幸福，但又抓不住，正处于身心俱疲的状态中，其实有舍才有得，如果你认为眼前的幸福并不是真正的幸福，可就要做个决定了。

C.一只鸟停留在一个人的肩上或手上

不担心鸟逃走而和鸟玩，象征着你现在正处于幸福、满足的状态中，每天都觉得很快乐，可能是你找到了自己的最爱，因此觉得自己是幸福的人了！

D.一个人正向飞远的鸟招手

这幅画的人物是不动的，只是向鸟招手，这样的你正等待幸福的来临，并且是以一种平静、平常心来等待，人生中有许多事是要去自己争取的，机会稍纵即逝，千万大意不得。

E.一只鸟在上空飞行着，而这个人对这只鸟毫不在意

人和鸟之间似乎没什么关系，这表示你对幸福似乎没什么特别的感觉，现在的你相当的淡然，或许你经过了一些事情而突然想开了，对人生也有了另一番的见解了。

测测你男朋友的心事

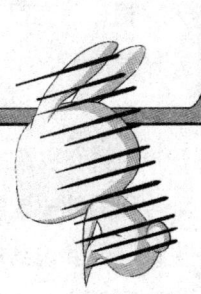

在同恋人忘我的相处过程中，很多女孩会感到男友捉摸不定，琢磨不透，不知他帅气、温柔的外表下，隐藏着一颗怎样的心？

还记得他第一次为你庆祝生日吗？他费尽心思、绞尽脑汁为你准备的生日礼物更接近或相当于下列答案中的哪一项？

A.称心如意的首饰，或一枚高雅而精致的戒指，令你芳心大悦
B.精心挑选的时尚服装
C.一块生日蛋糕，加一束色彩绚丽的花
D.一次别出心裁的两人外出旅行，他陪你度过了两天一夜的时光

 测试结果：

A.称心如意的首饰，或一枚高雅而精致的戒指，令你芳心大悦

你可以完全放心，你心中的他是个富有责任感的男人，对谈恋爱郑重其事，对你的爱亦是诚心诚意。或许，在他的心里，已经把你看作可以陪他走过一生的另一半啦！他是个温柔、体贴、善解人意的男人，相信他有很多方法令做女朋友的你感到幸福与满足。安下心来，好好爱他吧。

B.精心挑选的时尚服装

你的他一定有一点大男子主义的倾向，虽然在爱情中表现得积极主动，但要说到婚姻这码事，为时尚早；相反，在这种男性心中，婚姻和恋爱是不能混为一谈的，即使他真的很爱你，也不会准备现在就同你步入结婚殿堂。大体而言，这种男人喜欢我行我素，个性略显张扬，喜欢他爱的人能成为他想要的样子，因此，他才会事事主动替你打点，包括为你选定衣服的样式、指点你化妆等等。知道了他的心，你该为自己拿拿主意了，设法拴住他，还是忍痛割爱，抑或就这么下去，你自己决定吧。

C.一块生日蛋糕，加一束色彩绚丽的花

你面对的他一定是个经历丰富、心思缜密的情场高手，单纯的你还是该多长个心眼的好。他是否给你过明确的承诺？大约没有吧。因为，你的恋人是个不喜欢爱情有任何约束与压力的男人。他自然是很爱你的，会带你四处露面，满足你一时的虚荣，但这可不表明他会一直爱你，因为谁也说不清你已经是他的第几任女友了。

D.一次别出心裁的两人外出旅行，他陪你度过了两天一夜的时光

他可是有点危险的男友，不然的话，就是他急于同你结婚，只有你自己才清楚哪一种答案更适合他。相信这种男人思想比较超前，他

对爱的追求，更多地侧重于两个人之间的性爱，有强烈的欲望，最好当心些。当然，他对你有所企图并不奇怪，因为他已经爱上了你嘛。关键在于，你怎么看爱情、婚姻与性爱这回事。

从水性指数测测你的恋爱

1. 不管是否常在国外，提到饮料问题，你经常会说："国外有一种饮料"或"我在国外都喝……"

是→第5题　　否→第2题

2. 除非不得已，否则不喝白开水。

是→第7题　　否→第4题

3. 购买瓶装水（纯净水、矿泉水）会觉得浪费。

是→第12题　　否→第6题

4. 对于市面上的饮料，有八成以上你觉得是有害健康的。

是→第11题　　否→第8题

5.喝瓶装水一定以外国品牌为第一选择。

是→第6题　　否→第7题

6.生怕自己"跟不上时代",一看到新饮料上市,一定会去买来尝尝!

是→第9题　　否→第10题

7.正餐时间,肚子不饿,会先喝饮料填肚子,等饿了再去吃正餐。

是→第10题　　否→第11题

8.买了自己想喝的饮料,却被朋友以健康理由警告,或被议为"没品位"时,下次便不敢在别人面前喝那种饮料。

是→第3题　　否→第5题

9.上餐馆选副餐,经常以果汁为第一选择,如果没有果汁再点咖啡或红茶。

是→第15题　　否→第12题

10.有一边拿着饮料喝一边走路的习惯(或不排斥这样的行为)。

是→第13题　　否→第9题

11.会单纯地想得到饮料瓶子而购买饮料。

是→第9题　　否→第3题

12.看到颜色鲜艳的饮料,会直觉它成分有问题,不敢购买饮用。

是→第16题　　否→第14题

13.尝试一种新饮料,喝了一口觉得不对味,一定立刻扔掉,不再喝下去。

是→选项B　　否→第15题

14.会留意对方或周围朋友喝什么品牌的饮料,以评判他(她)的品位。

是→选项A　　否→第13题

15.上班、上学有自备、自制饮料(开水、果汁)的习惯。

是→选项C　　否→第16题

16.如果没有事先想好,冲动地购买了饮料后,通常会有淡淡的后悔。

是→选项D　　否→选项A

测试结果

选项A　水性指数:★★★★

即使全世界都骂你,你也不觉得有什么好自责或自卑的,对于爱情你是那种骨子里就想得开的女人,属于超21世纪的时髦女性。思想上你很放得开,也因为你能坦然面对自己的需求,反而容易有令人羡慕的另一半。

选项B 水性指数：★★★

抽烟比男人凶、喝酒比男人猛、掏钱比男人爽快。人际交往中你的表现是极中性的，但碰到自己心仪或别人心仪你时，便会不自觉地压抑情感，理由是不再想受伤害，你是酷爱自由、期待随时浪漫的人。

选项C 水性指数：★★

你明知公主、王子的"纯洁"故事绝不可能在现实社会中发生，但潜意识仍摆脱不掉对"终极纯洁爱情"的追求，于是，对异性的标准经常处于极度容忍与极度渴求的不稳定状态。所以，面对每一段新恋情，你主观意识上都是"恋爱悲剧"的开始。

选项D 水性指数：★

情场上，你是位毫无主见的魅力小姐，没事就会吸引一堆男性的追求，而且他们都不是"一玩了之"的人，每个人至少都抱着"经营看看"的诚心而来。至于你自己，在选择上则是位不折不扣的傻大姐，只要用点心机追勤一点，要"钓"上你并不难，然而，在爱情的最后关卡，你还是会把大脑拿出来用一用，不会糊涂。

从购物选择看你对爱情的态度

你百般无聊时去街上散散心,走一走,待到想回家时,又觉得空手回家怪怪的。于是,你决定买一样东西带回家。你希望买什么呢?请在以下分析中任选一项。

A.去书店买本书看看,正好可以打发无聊的时间
B.一件漂亮的衣服最实用
C.水果自然是最好的选择,免得家里没有又出去跑一趟
D.带一些西式面包,又好看又好吃,说不定省了做一顿饭

测试结果:
A.去书店买本书看看,正好可以打发无聊的时间
你对爱情的要求是较高的,对方若非魅力十足,又有能力提供你

所渴慕的浪漫生活的话，你们多半良缘无涉。你受的教育层次较高，因而对生活质量的要求有别于常人，不仅要富有情调，而且要高雅精致，恐怕能办到的人不多。记住了，太挑剔会使你失去很多机会，年华易逝，还是现实一点好些！

B．一件漂亮的衣服最实用

身在情海中的你常常游移不定，搞不清好男人在哪里。爱起来，你会不顾一切，即便背着第三者的名分也无所谓，可惜你这种热情不太持久，三天不到，你又觉得当初的选择有误，于是立马收兵回营，另觅良枝。在爱情上三心二意的你，虽在乎自己的感觉，却往往搞不清自己的感觉，因此时常心无定所。还是安静一点好，先弄清自己想要什么，再全力出击，才会得到你梦想中的情人。

C．水果自然是最好的选择，免得家里没有又出去跑一趟

痴情的你对爱全身心地投入，也要求对方坚定不移地爱你。你把一切看得太美好，一旦受伤，久久难以恢复。"糊里又糊涂"是在情路上的你的最好写照，你认为只要全心全意地投入，对方也一定会如此回报你，且理所当然回报于你，因此在不知不觉中，你对恋人的要求较为苛刻。试着退一步看问题。对爱情执著是好的，但万一你们缘分不在，别一门心思试图唤回对方的爱。过去的，就让它过去吧。

D．带一些西式面包，又好看又好吃，说不定省了做一顿饭

生活中的你非常现实，从不会委屈了自己，让自己舒舒服服是你的目标，爱情中的你也不会为了爱一个人委曲求全，虽然偶尔冲动，但最终理智会占上风，因此，在情路上你一般不至于吃亏。你的毛病是有时太计较施与受的平衡，有时会让人觉得你不够真诚。

你具备哪种潜能?

1.一看到对方的脸就知道他(她)对你有没有好感。

是→第2题　　否→第3题

2.休闲的时候与其看电视,你更喜欢看书。

是→第6题　　否→第5题

3.不论是哪种球类运动,你都可以达到一般的水准。

是→第4题　　否→第5题

4.对读书或工作以外的事情,兴趣缺乏。

是→第8题　　否→第7题

5.你对电脑、E-mail等等的都擅于使用。
是→第6题　　否→第7题

6.在准备充分的情况下,你极有把握说服对方。
是→第10题　　否→第9题

7.初次相见就有人被你电到,还请你吃饭。
是→C选项　　否→第9题

8.一旦决定要做的事就绝不会半途而废,一定坚持到底。
是→D选项　　否→第7题

9.你觉得自己的文笔还不错。
是→C选项　　否→B选项

10.人家用英文跟你交谈,你有自信对答如流。
是→A选项　　否→B选项

 测试结果

A选项　口才、说服力惊人

　　你的特长就是那张嘴啦!把死的说成活的,明明没有的事还能把人家唬得一愣一愣。就算你现在还没感到自己这方面的才能,只要今后多下功夫,有一天一定会开花结果,所以从今天开始在语言方面多加油吧!

B选项 鬼点子、独创力惊人

你是鬼点子王，创造力一流！说不定你自己都还没察觉到你有这方面的潜力咧！你独特的构想可以好好运用在公关或商品开发上，在诗词创作或绘画上也会有不错的成绩喔！

C选项 社交才能惊人

你的特长就是善于跟人打交道，社交能力很强！你有一种吸引群众的魅力，适应力又强，就算普通人敬而远之的家伙也会折服在你的魅力之下。跟身边的人唱KTV或玩牌时最能看出你这方面的才华了。

D选项 行动力、速度惊人

你的特长就是那迅雷不及掩耳的行动力。你总是充满活力，随时准备蓄势待发，就算别人都认为是不可能的任务，你还是不死心地积极行动，把不可能转为可能。多靠运动来锻炼你的体力，这对你的工作大有帮助喔！

从饮料的选择看你的幸福指数

如果你误闯进一家黑店,老板端出五杯饮料,告诉你只有一杯没毒,剩下的四杯是有毒的,你直觉哪一杯不会被下毒?

A.刚挤出来的鲜牛奶
B.刚泡的乌龙茶
C.浓浓的美式热咖啡
D.热腾腾的珍珠奶茶
E.一杯纯净的白开水

 测试结果:

A.刚挤出来的鲜牛奶 幸福指数:★★★
属于心甘情愿型。这类型的人很单纯,只要喜欢上对方就会觉得

自己超幸福。

B.刚泡的乌龙茶 幸福指数：★★★★

属于你浓我浓分不开型。这类型的人的幸福定义就是跟自己最爱的孩子在一起，这种感觉就是很窝心。你目前的心境是非常成熟的，不管是工作还是日常生活，你都能很平静地享受。

C.浓浓的美式热咖啡 幸福指数：★★

属于欢喜冤家型。这类型的人非常自我，可是彼此却很相爱，常常会拌嘴斗嘴，不过心底彼此的分量还是很重的。

D.热腾腾的珍珠奶茶 幸福指数：★★★★★

属于只羡鸳鸯不羡仙型。这类型的人和另一半在一起已经都不需要用言语沟通，两人的默契已经不是外人所能了解的，常常只要对方一个眼神就能互相理解。

E.一杯纯净的白开水 幸福指数：★

属于想喝忘情水忘记一切型。这类型的人非常的独立、聪明，知道自己要的是什么。

对号入座！

你的桃花宝地在哪里?

单身的你是否害怕在这个浪漫的日子里形单影只?在哪里才能遇见命中注定的那个他(她)呢?一起来看看你的桃花风水宝地吧。

1.欧美和日韩比起来,更接受前者。
　是→第2题　　否→第3题

2.一定会用右手接电话。
　是→第3题　　否→第4题

3.觉得发型比服饰更重要。

是→第4题　　否→第5题

4.觉得自己有某种强迫症，比如不能容忍看见桌上有烟灰。

是→第5题　　否→第6题

5.一定要在驾轻就熟和陌生新鲜之间选择的话，会选择前者。

是→第6题　　否→第7题

6.如果一群人出去玩，通常都去酒吧或其他很热闹的地方。

是→第7题　　否→第8题

7.觉得是节日就该有个节日的模样，不能做出一副无所谓的样子。

是→第8题　　否→第9题

8.喜欢吃甜食。

是→第9题　　否→第10题

9.拥有足够多的钱和数目可观的一大笔钱这两种描述，倾向前者。

是→A选项　　否→B选项

10.希望自己的另一半"有钱又英俊"多过"有钱又聪明"。

是→C选项　　否→D选项

测试结果：

A选项 著名的度假胜地

开朗又漂亮的你在这种地方桃花运会特别旺哦……好天气和好心情会让你的魅力展露无余！美好的事物更能激发你的荷尔蒙，在轻松的环境里你女人味十足。风景如画的背景下的浪漫爱情，千万不要错过。

B选项 公共休闲场所

平日马虎的你很有可能忽视了那双注意你的眼睛。拥有良好气质的你本来就容易在人群中被突显，不感冒的表情更让人觉得你脱俗。所以，只要不经意间地迎上那双眼睛，你的桃花运就来喽。

C选项 户外运动场所

这些阳光味十足的地方会涨高你的人气，帮助你气质的提升，球场上的你相当耀眼，让人忍不住被你吸引，可要小心旺过头的烂桃花哦。

D选项 各种会议场合

可能你自己都很难相信，但事实如此，心思缜密又美丽的你在这种场合下舌战群儒的样子让你别有风韵，不想做女强人都难喽！能够敢靠近你这种尤物的能是泛泛之辈？你的桃花含金量不是一般的高哦！

你是哪种刁横公主?

1.假如你是一位被命运之神捉弄的公主,从小被一大户人家收养,你希望你的养父母是怎样的人呢?

A.拥有二品官衔的朝廷大官→第5题

B.看破红尘的绝世高人→第7题

2.你希望自己在这个测试里的身世背景是怎样的呢?

A.因仇人陷害,你全家被放逐至关外,一个忠心的家奴偷偷将你抱走,将你送到了父亲世交那里偷偷寄养→第19题

B.在你三岁那年,你与母亲在元宵节灯会上走散,慌乱之中你盲目跟随一顶华丽的轿子而去,坐在轿中的人正是你的养父母→第8题

3.你脖子上挂着能证明你身份的首饰,凭直觉你认为是哪一件呢?
　　A.双凤金锁片→第13题
　　B.翡翠兰花坠→第12题

4.有一天,你的养父告诉你,在这个世界上,最清楚你身世的只有一个人,凭直觉你认为这个人是谁?
　　A.细心照顾你多年的哑姑姑→第11题
　　B.背你回来的瞎眼伯伯→第9题

5.你猜想自己的身世与哪种情形最接近呢?
　　A.因宫廷纷争,家族遭灭门之灾,你是唯一的幸存者→第6题
　　B.父亲和绝色丫鬟暗生私情,私结连理,你是他们的爱情结晶→第13题

6.假如你有一种特殊的天赋,你希望是什么呢?
　　A.在紧要关头总能想到办法化解危机→第4题
　　B.超出同龄人一百倍的整人搞怪本事→第2题

7.你希望与哪种男人发生动人的爱情故事?
　　A.行走江湖的白衣少侠→第3题
　　B.文采出众的翩翩美少年→第10题

8.养父在你十六岁生日的时候送了你一件华丽的衣服,凭直觉你认为这件美丽的衣服应该是什么样子的呢?
　　A.极品锦缎做成的紫色礼服→第20题
　　B.白色罗纱加绣花的千羽衣→第19题

9.你身边围绕着众多追求者,其中攻势最猛烈的有开绸缎店的段公子(生性桀骜不驯)、开酒楼的钱公子(生性浪漫多情),你对谁最反感呢?

A.段公子→第16题

B.钱公子→第20题

10.你最近桃花运旺得不得了,上门提亲的人好多,你认为开绸缎店的段公子和开酒楼的钱公子在不在此列人等之中呢?

A.在→第12题

B.不在→第15题

11.假如你受到太后的邀请到皇宫作客,你估计自己与谁最合得来呢?

A.与你年纪相仿的三公主→第20题

B.比你大两岁的二太子→第17题

12.你在太后面前大讲笑话,逗得老人家非常开心,太后非常喜欢你,于是送了一件礼物给你,你认为是什么呢?

A.夜明珠耳环→第2题

B.一匹千里马→第15题

13.因为你捉弄了三公主一下,让她当众出糗很没面子,小气的三公主大发雷霆,要将你问斩,你会向谁求助并澄清事实呢?

A.向太后求救并澄清事实→第12题

B.向二太子求救并澄清事实→第2题

14.你跟三公主玩捉迷藏的时候,不小心打碎了三公主房里价值连城的玻璃花瓶,你会怎么办呢?

A.赶紧道歉,说自己不是故意的→E型

B.想办法推卸责任,说是跟在身后的小宫女打碎的→第11题

15.二太子邀请你跟他一起到御花园散步,你们来到假山前,听到有两个人在假山后面窃窃私语,你认为他们是谁,在讲什么呢?

A.是失宠的妃嫔在抱怨后宫的寂寞→第14题

B.是二太子的贴身小侍卫,在议论你跟二太子走得太近→第18题

16.你和二太子来到百鸟园,园子里最吸引你的是什么呢?

A.会跟人学舌的金刚鹦鹉→A选项

B.来自波斯国的半人半雀鸟→B选项

17.你要求参观内医院,二太子答应了你的请求,你最想参观的是哪个部门?

A.藏有珍稀药材的御药房→C选项

B.充满浓郁药草香味熬制中药的汤药厨房→D选项

18.内医院的大院士送了你几副美容养颜的汤药,你希望这些汤药的主要成分是什么?

A.珍珠粉和红豆→C选项

B.燕窝和莲子→D选项

19.你即将离开皇宫回到养父家,临行前你希望得到太后的什么

礼物呢？

　　A.一句祝福→第11题

　　B.一个亲吻→第18题

20.如果要你忘记亲生父母与仇家的恩怨，你是否愿意？

A.不愿意→C选项

B.愿意→E选项

测试结果：

　　A选项　刁蛮公主

　　你是一个头脑灵活的人，行动力超群、想法怪异，时时刻刻都充满自信，你的刁蛮可以说是大家有目共睹的，一旦顽皮起来，谁也不是你的对手。严格说来，你并不是刁钻古怪的怪胚子，适当的时候你还是知道收敛的，你的个性其实也有义气的一面，在姐妹圈里你往往扮演着头领角色，大家都喜欢听你的安排行事。在异性眼里，你虽然不好对付，但魅力同样有增无减，也许越是难对付的女孩子越是深得异性青睐吧。

　　B选项　双面公主

　　你很特别，无论是头脑还是内在其实都相当开明，你的个性很多变，可以说是亦正亦邪，有非常严重的双面性。心情好的时候，你就像淘气天使一样叫人又爱又怜，就算得罪人，别人也不好意思对你生气；当你不开心的时候，可是什么坏事都干得出来哟！你不希望自己像别的女孩子那样乖巧，什么都逆来顺受，你才不要看别人的脸色过活呢！这样你难免有点离谱，搞得周遭的人什么都不敢说，将来恐怕还是要吃亏的呦！

C选项 纯情公主

开朗的你人缘不错,擅长为大家制造轻松愉快的气氛。你对任何人都是笑脸相迎,所以总给人留下单纯美好的印象。在朋友伤心失意的时候,你总能用贴心的话语去温暖对方疲惫受伤的心灵,同时给人一种安心的感觉。你重视别人的感受,不会提出自私的建议和主张,朋友们想到你会有种温暖贴心的感觉。大家对你非常关照,有什么好事总是第一个想到与你分享,可以说,你的人脉完全是靠你的真诚和无私给予换来的。

D选项 灵气公主

你有超强的直觉,任何麻烦事到你面前一下子就能想到合理的对策,可以说你的直觉强过理智。脑子灵活的你是灵气公主的化身,或许老天格外宠爱你,才赋予你与众不同的判断力吧!无论在哪里,你都深得众人喜爱,你那不与人一争长短的大度、不为鸡毛蒜皮的小事动怒的温和态度,正是你最大卖点所在哦!此外,你对自己感兴趣的事情非常专注,常常将大多数的时间和精力花在值得研究的问题上,这点最是难能可贵。

E选项 无情公主

说你是无情公主的化身恐怕有点过分,但有些时候确实如此,当你不喜欢做某事或对某个人感到厌恶的时候,你的表现确实很无情,任凭身边的人苦苦哀求,你始终无动于衷,哪怕九头牛也拉不回你的心。当然,你也有很多优点,比如做事果断、充满行动力等,实际上并不是绝对的冷面女王啦!如果你在为人处事上的态度能缓和一些的话,相信你的人缘和办事效果会与从前大不一样。

你们分手后还能复合吗？

在每个人心中也许都会有一个不愿触碰的角落，而角落里则摆放着一个色彩黯淡上了锁的小盒，盒子里装着满满的忧伤回忆，我们始终没有勇气将它打开回忆往昔，可曾经那熟悉的面孔却在心底挥之不去，似乎在不停呐喊渴望回到过去。你是否也曾如此挣扎压抑，倘若给你一次机会修补，你又是否愿意？

1.谈不上谁追谁，你们是顺其自然走到一起的？
   是→第2题　　否→第3题

2.你们很容易因为小事争执？
   是→第3题　　否→第4题

3.你们两个本身都是非常特立独行的人？

是→第4题　　否→第5题

4.你们恋爱的时候总是形影不离吗？
是→第5题　　否→第6题

5.你们算得上是一见钟情吗？
是→第6题　　否→第7题

6.彼此的朋友圈都相互交汇，现在仍与彼此都熟识的朋友来往？
是→第7题　　否→第8题

7.你们都喜欢安静而平和的氛围？
是→第8题　　否→第9题

8.曾经有过第三者插足或者其中一方与他人暧昧的经历？
是→第10题　　否→第9题

9.你们在恋爱的时候时常理性沟通彼此存在的问题？
是→C选项　　否→A选项

10.你们的分手相当突然，至今也没弄清楚分手究竟因为什么？
是→D选项　　否→B选项

 测试结果：

A选项　擦肩而过　复合可能性：★★
很明显分手之后你们的心里还时常惦记着对方，但是强硬的性格

总是将彼此阻挡在心门之外。你们始终难以放下自己的颜面坦率面对感情，即使内心挣扎，也始终未能伸出渴望拉紧的双手，两个人不可能永远存在交集，在有限的时间内无数次选择擦肩而过。难以把握机会的你们，终究只能在一次次错过后渐行渐远。或许错过本就是属于你们爱情的宿命。

B选项 决绝离别 复合可能性：★

你们的感情似乎有些戏剧化，虽然恋爱的时候充满激情，刺激非常，但是却极其不稳定，最终导致深刻的伤害决绝分手。形影不离的二人从此再无交集，即使面对面走过也是面无表情，冷漠非常。并不是你们心中没有了彼此，或许恰恰是因为曾经爱得彻骨，如今才恨得切齿。久而久之，你们逐渐变成对方心中一道难以言表的伤痕，再也不被提及，复合的可能微乎其微。

C选项 回归朋友 复合可能性：★★★

你们同样都是非常理智的人，当初选择分手也是由于性格或者客观因素导致，因此分手也是你们经过沟通之后共同做出的决定，过程相当平和。理所当然的，你们从恋人回归朋友关系，没有了往日的亲密，却多了份超越朋友的亲切。在你们彼此心中，对方仍旧是值得自己信任的那个人，遇到困难或取得成绩，你们依然习惯跟对方倾诉及分享，时过境迁，即使激情不在，逐渐成熟的你们或许还会因为那份信任与依赖走到一起。

D选项 难以割舍 复合可能性：★★★★★

因为误会造成了你们分手的遗憾，这段感情成为难以放下的一段伤痛。你们彼此都不愿回顾过去，在很长一段时间内似乎都在对方的世界彻底消失了，但是从未消失的是彼此内心的牵挂与心痛。倘若有一天一方知道了整个悲剧不过是误会而已，将会激发你们重新找回爱情的决心，而同样等待了许久的另一个人，也会在恍然大悟中欣喜地痛哭流涕。

他到底值得你等多久?

出国留学、读研、工作无成……这些都成了男人要求女人等待的理由,他们用深情的誓言让女人相信等待过后就一定会有美好的明天。的确,有些等待最后都皆大欢喜,可是也有很多等待得到的却是女人的人老珠黄,以及男人的背叛。你的男人值得你等吗?等他功成名就时还会是你的他吗?

1.公交车或地铁上你们坐在一起,这时有老人或孕妇上车无座位,他会让座吗?

会→第2题　　不会→第3题

2.若看到有人欺负弱小时,他会把你拉走让你别管闲事,还是替他撑腰?

前者→第3题　　后者→第4题

3.你的鞋带松了,他会蹲下帮你系鞋带吗?

会→第4题　　不会→第5题

4.遇到加班或繁重的工作时,他会不会经常抱怨?

会→第6题　　不会→第5题

5.朋友聚会时,他会经常带上你或是想让你陪他去吗?

会→第6题　　不会→第7题

6.他喜欢运动吗?有特别感兴趣的运动项目吗?

有→第7题　　没有,不太喜欢运动→第8题

7.下班回家后,若没有工作他会不会经常待在电脑旁?

会→第8题　　不会→第7题

8.你们在一起时,他会主动将自己的内裤和袜子洗了,还是放着等你洗?

自己洗→第9题　　等我洗→第10题

9.与你亲密时他喜欢开着灯,还是关着灯?

关灯→三年　　开灯→五年

10.上厕所便便时,他是专心便便,还是边上厕所边干点别的,如抽烟、玩手机?

前者→八年　　后者→一年

测试结果：

最长期限：一年

他变化的脚步太快了，抵制诱惑的城墙太薄弱，一旦分别久了，感情淡了，他的目光就不会只停留在你身上。如果不想让自己的等待白费，那么每隔一段时间约会一次，一起去旅游、探险，或是和朋友一起疯玩，保持他对生活的新鲜感与对你的期待。如果现实的条件根本不允许你们"小别"，不允许你们常常能相互看望，那么，还是劝你不要在一棵树上吊死，身边若有其他缘分别拒绝。

最长期限：三年

三年说长不长，说短不短。在等待的岁月中，无论他隔得多远，都尽可能地多些碰面，多联系彼此，交流发生在各自身边的事，已缓解独自一人的空虚感。若他想让你等他事业有成，那么你也别松懈，记得提升自己，用更多的心思来发展自己的事业，扩展自己的人际圈。若只缩在两人的世界中傻傻地等，肯定只会让你越发幽怨，也会增加到头来他瞧不起你的可能性。

最长期限：五年

超过这个时间，别说你的信心会动摇，连他自己都会不相信自己能做到。我们总以为是现实阻碍了感情的发展速度，总有那么多无可奈何，可是真的不能克服困难，改变现状吗？不是没有办法，而是他狠不下心结束这场"煎熬"。与其等，不如用逼，用实际行动告诉他，没有他你依然可以活得很精彩，你不会真的留在原地无期限地等他，让他紧张起来，让他说服自己放弃所谓的"坚持"和"不得已"，回到你身边。

最长期限：八年

这种男人值得膜拜，毕竟多年之后他还记得当初的承诺。不过这种男人也应该鄙视，他总以为只要自己不变心就是对你最大的回报，殊不知在等待的漫长时间里，要留给你多少空白与寂寞。如果你深信多年后他有能力改变现状给你更好的生活，你有足够的勇气一个人承担一切困难和孤单，鼓励你去等，毕竟经得起考验的爱实属不易。如若不然，等待只会变成对你的折磨。

现在谁对你最重要?

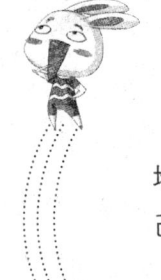

每个人都或多或少有掉东西的经历。假设有一天你骑车经过一个地方,发现自己有东西掉了,可是又没办法回去捡,这时你会检查自己的装备,希望掉的不是下面哪一项?

A.手机

B.男(女)友送的有纪念性的东西

C.皮包(有钱及证件)

D.刚买的心爱物品

 测试结果:

A.手机

你现阶段最重视的是友情。朋友众多的你,总是借着手机来培养彼此间的友谊与感情,所以对你而言,没有手机就感觉自己好像不存在一样。你很相信朋友,所以你也比较不能忍受周遭好友有一丝丝的背叛。你是不是常常觉得这样很矛盾?那代表其实你内心也想寻找一个可以依靠谈心的另一半。

B.男(女)友送的有纪念性的东西

你现在最重视的一定是爱情。你和他正处于恋爱蜜月期,所以对于他的一切你总是特别珍惜。对你而言,拥有他就像拥有全世界一样,身旁的一切你会觉得毫不在乎。所以千万别因为恋爱就忘了自己其他该做的事喔。不然等蜜月期一过,你又会开始怪东怪西喽。

C.皮包(有钱及证件)

你现在最重视的是自己。也许你正学着如何让自己独力过日子,自己租房子、自己打扫、自己煮东西……过着完全属于自己的生活。对你而言,你不希望这个小空间被外界所干扰,所以也造成你有点独来独往哦。有机会还是要跟朋友相聚才行,不然有事情可是会找不到人帮忙的。

D.刚买的心爱物品

你现阶段最重视的是亲情。可能是家里的感觉较温馨,或是家教比较严,所以你几乎也没什么休闲活动,有空就会待在家里。虽然现阶段你的朋友并不多,可是也是有一两个常到家里玩的好朋友,建议有机会可以把他们约出来逛街或喝喝咖啡,这种友谊通常都是很难得的,一定要好好维持下去才行。

工作中的你散发着什么味道?

1.以下哪一种比较接近你?
A.对自己和他人都不严格→第2题
B.对自己宽松,对他人严格→第3题
C.对他人和自己都严格→第4题
D.对自己严格,对他人宽松→第5题

2.考试前,常常清理房间或看小说?
A.是→第6题　　B.否→第7题

3.目前为止,你曾试过让座超过10次以上?
A.是→第6题　　B.否→第8题

4.你属于很容易被骗型的吗?
A.是→第9题　　B.否→第7题

5.你可否马上说出一样想要的东西?
A.是→第9题　　B.否→第8题

6.你曾有过对任何事都充满好奇心的时期吗?
A.有→第10题　　B.没有→第12题

7.若可以回到过去,想回到什么时候?
A.10年前→第14题　　B.5年前→第11题

8.以下两种态度,哪种较接近你?
A.今日的事,今日毕→第13题
B.明天的事,明天做→第12题

9.你相当善于与人交际吗?
A.是→第14题　　B.否→第13题

10.你的房间里有盆栽吗?
A.有→第15题　　B.没有→第16题

11.你很不会跟别人吵架?
A.是→第17题　　B.否→第16题

12.可以让你看到日出的原因是?
A.彻夜没睡→第18题
B.很早起→第17题

13.你曾经故意对喜欢的人冷淡?

A.是→第18题　　B.否→第19题

14.同样的话曾经说过好几次?

A.是→第20题　　B.否→第19题

15.你是否不太喜欢照相?

A.是→B选项　　B.否→A选项

16.你外表看起来比实际年龄年轻?

A.是→C选项　　B.否→B选项

17.你最近没有真心笑过?

A.是→E选项　　B.否→C选项

18.有机会,你想去哪儿?

A.伦敦或巴黎→E选项

B.夏威夷或关岛→D选项

19.你喜欢做让人惊喜的事吗?

A.喜欢→F选项　　B.不喜欢→G选项

20.你曾把已有恋人的人抢过来?

A.是→G选项　　B.否→F选项

测试结果：

A选项 甜味

这种人的个性大多温和又体贴，大家都很喜欢和你这种人做朋友，而且大致上过着顺利的日子，你是很有可能把握幸福的人。这种人颇受重视，常常有很多人依赖他（她），但有时会被别人看轻，认为你很好欺负。在现今的世界里，尤其对想要成功的人来说，要有一点魄力，要有拒绝别人的勇气。

B选项 辣味

这种人总是给人一种很"辣"的感觉，在打扮上，也是倾向时髦亮丽类型，经常想要引人注目。不过外表打扮上太过前卫，也许会给人很难接近的感觉，所以有时最好避免，尤其出席正式的场合时。虽然你充满活力是很好的事，但周围的人不见得与你一样，要多注意。

C选项 酸味

这类人的个性很爽朗，但也许有的人会给人"过酸"的感觉，而让人感觉难以相处。其实基本上他们的个性是爽朗又易相处的，给人的印象也很好。但由于这类人有时会给人不知道他的心里在想什么的感觉，所以如果想和他做朋友的话，不妨就稍微夸张地自我推荐一下吧。

D选项 苦味

这类人的个性兼具严格及温柔，就算你外表看起来是很好说话的人，但其实你内心是很坚持自我想法又固执的人，不喜欢迎合别人，因此这种处事态度有时会引起某些人的反感，其实，该妥协的时候就妥协，若能配合大家改变你的方式，就能成为受到大家尊敬且重视的

人。

E选项 涩味

这种人的个性既老实又朴素，刚开始可能会被认为是个很无趣的人，但只要和你交往久了，就会发现你也拥有意外的特质，也是个很有想法的人。虽然在团体中不是很出风头，但仍能过着幸福的生活，而且，如果可以待在充分发挥自我专长的领域下，就会有渐渐崭露头角的机会……

F选项 酱味

这种类型的人是很能自我控制的复合型个性的人，而且做事方法很有弹性。至于为何是酱味，可能就是因为酱中包含甜味或辣味的原因吧！内在的内涵比外在的条件更吸引人的注意，是这种人的一大特点，对你认识越深，就会越喜欢你……

G选项 呛味

这种人的个性是属于精力旺盛、热情洋溢的人，但有时喜欢强迫别人，希望别人按照自己的想法做事，因此有时甚至会和周围的人引发争执，可是反过来说，这也是具有决策力及行动力的领导人物所拥有的特质。记住想表现自己，也不要忘了为他人着想。

几岁的老公比较适合你?

1.和朋友去生疏的城镇迷了路,这时你会:

A.找警察询问一下

b.不管怎样,根据地图往前走

C.像是要哭出来了

2.下面图形中你最喜欢哪一个?

A.圆形

B.梯形

C.方形

3.你最喜欢兄弟姐妹哪一种?

A.想要弟弟

B.想要妹妹

C.想要哥哥

D.想要姐姐

4.有一辆可两人骑的自行车,你想骑:

A.前面

B.后面

C.前后都不想骑

5.两个人在街上走着,前面有一个大水洼,那么,他会怎么办?

A.背着你越过水洼

B.拉住你的手走过去

C.搬石头垫脚走过去

6.和他一起乘车时,离开车还有10分钟的空闲,你会?

A.两个人先到附近散散步

B.坐到车站长椅上等候

C.到小卖部买些什么吃的

 测试结果:

得分规则:每题选A=3分,b=5分,c=1分,d=0分

【分数为6~12分】你适合找年龄相差较大的朋友(7岁以上)。
这样的男性能够巧妙地引导你的心绪,在学习、体育运动和兴趣上都能给你各种帮助，找年龄比你小的人会使你产生不安心理。

【分数为13~18分】你适合找年龄稍大的朋友(3~6岁)

你意志坚强，没有依赖心理，但有点神经过敏，过于操心，常感到困惑。你适合找一个年龄稍大，常能帮助人拿主意的人。起初你不能理解对方的心理，但随着相处时间的增长，就会心安。

【分数为19~24分】你适合找同龄的朋友

对你来说，年龄相差过大就会感到不能相互了解，兴趣和思考方法上难以一致，双方都会感到苦恼。比较理想的是那种一起游玩、喜爱体育活动、性格活泼的同龄人。

【分数为25~30分】你适合找年龄较小的朋友

你内心有一种想当姐姐的潜在意识，和小伙子相处时，想和像弟弟一样的男性亲近，看见年龄小点的、性格懦弱的小伙子，你就能温柔地体贴，关心他。这就是你心中的母爱本能在强烈地起作用。

你的第六感可信度有多高？

今天是你与一名知名占卜师见面的日子，据说这位占卜师的占卜非常灵验，但他却是一位性情非常古怪的人。

当你踏入这位占卜师的房间时，你觉得第一眼看见的会是什么？

A.水晶球

B.塔罗牌

C.有毒的爬虫类动物

D.化了浓妆的占卜师

 测试结果：

A.水晶球

选择水晶球的你,拥有超强的第六感,无论好事坏事,都可以快人一步预测到。所以,大胆相信你的第六感吧!

B.塔罗牌
选择塔罗牌的你,第六感的灵验程度,要视当时的精神状况而定,当你精神好的时候你的第六感会很强。反之,预感便会相对的弱起来。

C.有毒的爬虫类动物
你能够预知不祥的事,然而这些预感却使你极为困扰。劝你最好常常保持开朗的心情,这样你的运气便会自然好转。

D.化了浓妆的占卜师
基本上你的第六感弱的得可怜,建议平日多留意点身边的事物,培养自己的观察力和想象力,这样会对你的运气有帮助。

你的真实心理年龄有多大？

你突然收到陌生人送来的一束花，你希望这束花是什么颜色的呢？

A.红色
B.橙色
C.黄色
D.绿色
E.蓝色
F.紫色
G.黑色

H.白色

 测试结果：

A.红色：心理年龄为27~31岁

红色等于激情，这个年龄阶段正是谁与争锋的黄金年龄，充满斗志。

B.橙色：心理年龄为17~21岁

橙色没有红色那样鲜艳，却也有红色的影子，故此适合初入职场的青年人们。心智未成熟，有待发展。

C.黄色：心理年龄为32~34岁

黄色有一种优雅的格调，往往符合30岁以后人们的心理，享受生活的乐趣，逐步迈向成功的人生。

D.绿色：心理年龄为22~26岁

绿色是环保色。工作中时时刻刻面对着电脑的辐射，所以绿色是他们向往的颜色，说明你处于迷茫期，会很努力奋斗。

E.蓝色：心理年龄为40~45岁

蓝色顾名思义代表着一丝忧郁，40岁的人们往往考虑的更多，顾及的也就更多，心智也成熟了更多。

F.紫色：心理年龄为45岁

紫色是高贵色，只有当你有一定的经验，人生到了一定的阶段，才能领悟到"蓦然回首，那人却在灯火阑珊处"的境界。

G.黑色：心理年龄为35~39岁

黑色拥有着包容万物的精神，在工作生活中混迹了也算是多年了吧，自然能笑开一步，海阔天空了。

H.白色：心理年龄为17岁

白色代表纯洁。还没有看透社会的真谛的你，想必心理年龄还没到一定的程度吧。

你和你的身体性别一样吗？

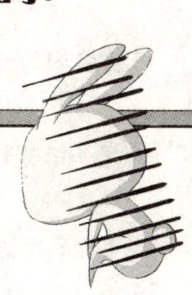

一位剑桥大学的教授最新研究表明，并非所有的男性都有一个典型的"男式"大脑。差不多每五个男性中就有一个人的大脑是"女式"的，这就是为什么有些男人会喜欢芭蕾胜过喜欢足球。反之，每七个女人中就有一个人的大脑是"男式"的。擅长数学、喜欢分析和解决复杂的问题胜过喜欢聊天逛街。刚生下一天的婴儿，大脑就已经具有了不同于生理的独特"性别"。你的大脑性别更偏于男性还是女性呢？

女性测试题：

1.拧毛巾的时候，你习惯哪只手在前，哪只手在后？

A.左手在前，右手在后→第2题

B.右手在前，左手在后→第3题

2.你是否右边的脚比左边略大一点?

A.是→第5题　　B.否→第4题

3.你会因为一个别致的包装买下一张根本不知道内容的DVD光碟吗?

A.是→第4题　　B.否→第5题

4.上学的时候,你的数学成绩总是超过语文成绩?

A.是→第6题　　B.否→第7题

5.读小说的时候,如果出现一个身穿白衣、面容俊秀的男子,你认为他是什么角色?

A.男主角→第7题

B.最多只是男二号或者三号→第6题

6.你觉得靠整容获得美貌的做法:

A.简直可笑→第8题

B.有钱的话也可以去试试→第7题

7.当你发现好友和自己的对头十分亲密的时候,你会认为:

A.她一定是背叛自己了→第8题

B.她是为了帮助自己才去和那人亲近→C选项

C.偶然谈得来而已,跟自己没什么关系→A选项

8.你习惯的购物方式是:

A.看准目标,当即买下→B选项

B.货比三家,慢慢看→D选项

C.碰上需要的就买了→A选项

男性测试题:

1.剪指甲的时候,你先用哪只手给哪只手剪?

A.左手给右手剪→第2题

B.右手给左手剪→第3题

2.喜欢用电动剃须刀而不是刀片?

A.是→第4题　　B.否→第3题

3.仔细看看自己的衣柜,里面是哪种情形?

A.很多件色彩不同的T恤或者衬衫→第5题

B.只有一两种颜色的几件衣服而已→第4题

4.如果没别人在家,你解决晚饭的方式是:

A.出去吃或者泡面、叫外卖→第6题

B.自己买点菜,做着吃→第7题

5.你的头发是:

A.最简单普通的样式,黑色→第6题

B.酷酷的发型,染色了,或者十分想染色→第8题

6.电视剧中主人公身遭险境,你认为他会如何脱险?

A.自己突然奋起绝境求生，打败敌人→D选项

B.被打得半死，又被人所救，挺了过来→C选项

C.外援突然出现，或者是自然力量干扰了局面→第8题

7.你有不止一条名牌领带，而且大都是自己买的?

A.是→B选项　　B.否→D选项

8.你对待紧身衣服的态度是：

A.不喜欢也不想穿→D选项

B.经常穿紧身T恤或者毛衣类→A选项

 女性测试结果：

A选项　阳性型

你的个性已经超脱了女强人的阳刚之气，有时候表现为大大咧咧，不拘小节，也会被人认为有点没心没肺，你可能认为是性格使然，其实你的大脑性别男性化的一部分占了主导地位，细节上可能并不让人觉得阳刚过度，反而会觉得随意性太强。此外你在理化科目方面可能表现非凡，不过你倒也并不会异常刻苦学习。男性型女孩在异性眼中会别有一番"迷糊"风味，男生和你相处的时候很少觉得不自然，反倒相谈融洽。所以不必担心没有异性缘呢。

B选项　偏男性型

你属于女强人式的性格，有些时候会表现出过分的争强好胜或急功近利，事实上是因为你不想输给异性的强烈好胜心作祟。你很有潜力成为女权主义者或者老总级人物，只要恰到好处地运用你在分析和推理方面的长处，就会让周围人见识到你的才干。不过你头脑中仍然

有女性性别部分，在随时强调着自己的性别——是女人！

男多女少的大脑性别模式有时候会让你养成"钻牛角尖"的坏习惯，能改的话就改一改吧。

C选项 中性型

你有着女性的柔韧和男性的机敏，能够圆滑处世，保持自己的立身之道不动摇。职场上也能混到八面玲珑的程度。不过有时候决断力不够强，欠缺刚阳的力量，因此无法成为霸主类型的人物。你最适合担任中层人员或者外联工作，你的中性特质给了你特有的狡猾与聪敏，不过一旦无法看清前面的方向，你也更容易陷入混乱中。中性的特征让你在男女两种性别的人群中都能游刃有余地与之相处，如果分一下流派，你应该属于"泥鳅功"门下。

D选项 女性型

你的大脑性别是纯粹的女性，有时候会因为一时的冲动而购物或做出其他决定，但更多时候是面对选择时犹豫不决，你具有女性的柔韧和超级承受能力，但在做决定的时候往往左右为难，甚至会跟已经分手的男友仍然藕断丝连。不过你的大脑性别也决定了你是个会以别人为生活依靠的小女人。

如果有人能够当机立断替你做出决定，你会觉得十分安心，但过后仍然会后悔，为什么当时自己没有做出决定。

男性测试结果：

A选项 阴性型

你属于典型的"不爱武装爱红装"的男生，你的大脑性别和生理性别走向了相反的方向，甚至有时候会被人认为很女气。你喜欢用华

丽的服饰和首饰来表现个性，并且相当坚持，只要你不觉得这些行为妨碍到别人生活，就会随心所欲地过日子。逛街和看时尚杂志都是你打发时间的方法，很多情况下，这个类型的人都有相当高的艺术天分，但也可能长期不婚。你的爱好可能有些不同于一般男生，女孩子有时候也会拿你当成姐妹一般。

B选项　偏女性型

你骨子里很有些阴柔的气质，说话彬彬有礼，注重仪表。对你来说，生活的档次是非常重要的一件事。只要你下定决心做一件事情，差不多都会终有所成，所以这个类型的人大多数拥有较高的学历和抱负。女性化的大脑性别对你来说无论在生活上还是事业上都颇有助力，这种气质在女生眼里看来是难得的温柔。大脑中女性心性偏重的人基本没有成为领导人物的心愿，让别人羡慕自己的生活就好了。

C选项　中性型

你和女性中的中性类型属于同一个类型，你的大脑性别以男性性别为主，夹杂以女性的柔和与韧性，你相当擅长处理人际之间的事情，手腕圆滑且懂得变通。和你共事是件相当愉快的事情，你身上那种欧洲骑士的优雅风度，也让你在异性中大有人缘。其实你心中还存在一种依赖，当外界压力过大的时候，你就会变得像孩子一样寻求庇护和关怀。兼顾事业与家庭之间的男性非你莫属。

D选项　男性型

你的大脑构造可能来自火星，和纯女性气质的女孩最为般配，也最容易出问题：你们的大脑根本来自不同的星球，不存在交流的可能。纯男性的代表人物就是乔峰，这种宁折不弯的纯粹性格也就注定了你可能会在社会中遇到许多气闷的地方。你的生活内容比较简单,同时不能缺乏志同道合的朋友,当然,你身上独特的霸气也意味着很难被人所控制。

你是哪类猫女郎？

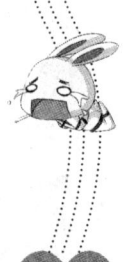

像猫一样的女人是神秘的，优雅的，她可以离你很近，近到依偎在你身边；她也可以离你很远，远到足够独立。可猫也有各种类型，想知道你是哪一型吗？

1.小时候的自己，是个很腼腆的小孩吗？
是→第2题　　否→第3题

2.旅行之后如果要写个游记，你会以什么方式来写？
简单的文字表达，配大量图→第3题
游记与攻略都写得清楚，配图也多→第4题
文字比较多，配两张最具代表性的图→第5题

3.好友曾经在你无思想准备的时候,指出过你的缺点吗?
是→第5题　　否→第4题

4.你觉得下午茶中必不可少的小点心是?
小蛋糕→第6题　　曲奇饼干→第7题

5.约会的时候,你通常是迟到还是早到?
迟到→第7题
早到→第8题
时间刚刚好→第6题

6.开学第一天,你遇到了新同学,是主动自我介绍还是被动等人结识?
主动自我介绍→第8题
别人做了自我介绍后,我才回应对方→第7题
两种情况都差不多→第9题

7.跟父母在一起的时候,别人眼中的你,会是一个娇气的乖孩子吗?
是→第11题　　否→第12题

8.本来有个约会因对方临时有事而取消了,面对突然的空闲时间,你会如何打发?
一个人在家,上网看书、看电视磨时间→第9题
出去一个人瞎逛逛→第10题
打电话给其他朋友,约他们出来玩→第11题

9.你觉得一个女生的包包里十分有必要装满一堆的东西吗?

是的,有必要→第10题

有时候也不是那么重要→第12题

完全没必要→第14题

10.很空虚寂寞无聊的时候,你会打电话给远方某位很久没打过电话的亲友吗?

会→A选项　　不会→第13题

11.倘若让你给宠物取一个名字,你一般会取什么类型的?

可爱的→第14题

彪悍的→E选项

另类的→B选项

12.如果你经常"月光",原因会是?

收入少→第15题

经常买些不必要的东西→第16题

经常找不出月光的原因→D选项

13.你觉得到目前为止,你喜欢的异性之中,大多属于哪种类型?

都是差不多同一类型的→C选项

没有什么规律,什么类型的都有→B选项

14.午后懒散的时光,你坐在阳台看书,觉得身边有哪种风景更美好?

有只懒猫在睡觉→D选项

周围有芬芳花草静静陪伴→A选项

身边有最爱的人在跟自己说话→第15题

15.如果去朋友家玩,朋友家的小狗冲自己汪汪叫,你的想法会是?

这只狗一定欢迎自己→第16题

这只狗一定讨厌自己→C选项

16.不管是对事物还是对人,你都会经常表现出自己的喜恶之情吗?

是→E选项　　否→第13题

 测试结果:

A选项　高贵型

猫其实是一种高贵的动物,它静静地呆在墙角,用犀利的眼神安静地观察着这一切,像是在凝视,却又像是在嘲弄,在逃避与不屑中观察着周围的一切,让人不容侵犯。你便如同这样的猫,恋爱主动权掌握在你的手里。你有自己的观念,有自己的思想,你富有个性,不会随波逐流,更不会奴颜媚骨,在恋爱的时候,永远具有高贵的姿态。你不会以男人为中心,却也不会如同女王一般将男人踩踏在脚下。当你闲来心情好的时候,又会主动如小女人一般依在他的身边,让喜欢你的人怜爱得你一塌糊涂。

B选项 神秘型

猫是神秘的，它不喜欢表达自己的情绪，让人难以琢磨。在传说中，猫是有灵性和野性的动物，它拥有明亮的眸子，即使一片漆黑它也可以看得一清二楚，据说猫还可以通灵至阴阳界，甚至看到你的前世来生。你在恋爱的过程之中，也如神秘的猫一样，你让喜欢上你的人无可自拔，因为想要了解你却发现永远只能在门外看着你，很难走进你的内心。你的言谈之间总是会有一种玄幻却又禅意十足的气息，即使是恋爱了，也可以让恋人跟着你一起提升恋爱的境界，这样的你，总是让人如醉如痴。

C选项 执著型

可别以为猫总是懒散的，它们要做的事情不过是每天在午后温暖的阳光之中伸着懒腰，擦擦惺忪的睡眼。事实上猫也很执著，比如为了食物，不管前方多么艰辛，它都会下定决心排除万难地获取；也比如为了一只钻进墙缝的昆虫而等上几个小时或者一天一夜。这是属于猫的执著，而你也有着坚强而独立的性格，一旦有了自己的目标，就会不管不顾地为之付出，追求真爱的你，也有如一只执著的小猫，为了等待自己的"昆虫"而不惜一直等待或努力奋斗。如果等不到，你也不会轻易放下，转而求其次。

D选项 慵懒型

虽然猫也会四处溜达，与蝴蝶嬉戏，但大部分的时候，它是慵懒的。只要有一个狭小的空间，有可以果腹的简单食物，它就不再疾走和奔忙，因为对它来说，吃饱之后舒筋软骨，懒懒地蜷在阳光里享受着时光的美好，更值得一些。你如猫一样慵懒，恋爱之中正因为有了这种慵懒之气，你基本上不会为了感情中出现的问题而焦躁不安，也不会因为很强的物质欲望而患得患失。你的眼角之中，总是流露出十分满足的神情，这种慵懒的神情，在恋人看来，其实是一种优雅的风情，让人无法忘怀。

E选项 率真型

你的活泼与跳脱，就像一只小猫一样可爱，让人情不自禁地会爱上你。猫是率真的，它们不在意谁的目光，真实地活着。不快的时候就用爪子或咆哮来发泄内心的愤恨；快乐的时候会自得其乐地围着尾巴旋转舞蹈，还会表现得有些小任性；郁闷起来了索性来个消失不见。在爱情中，你也如此，喜欢就是喜欢，即使主动跟人表白也不觉得这有什么不妥，因为只要让对方知道自己的心意就好了；讨厌就是讨厌，即使他对你千般万般好，你也不会强迫自己接受；倘若受伤了，伤心了，你也会躲起来，像猫一样舔舐自己的伤口。

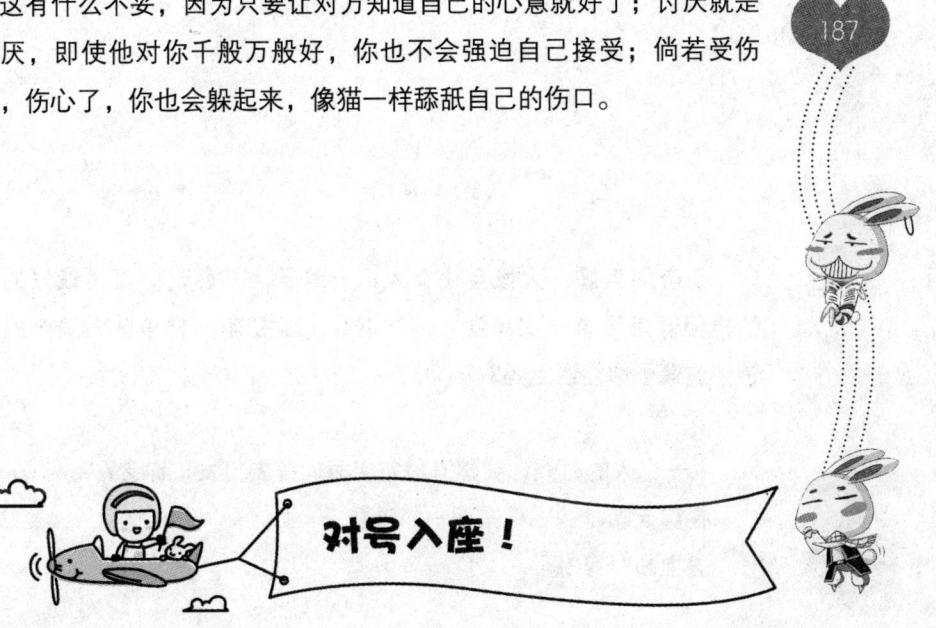

此生你会遇到单纯的爱情吗?

初恋的美好,大概会让女人记一辈子。初恋未必就是最好的爱情,但却是你第一次品尝爱情的滋味。像初恋一样单纯而美好的爱情,这辈子你能遇上吗?

1.一个人的时候,突然有段空闲时间需要打发,你会?
在露天咖啡馆喝杯东西→第2题
去血拼→第3题

2. 第一次去相亲,你最关心的是什么?
对方的长相→第4题

怎样自我介绍，自己要说点什么→第5题

3. 你在家中的睡袍是什么颜色的？
整洁干净的冷色调→第5题
可爱的粉色系→第6题

4. 你的男友打算把你介绍给他的好朋友，你会穿什么去？
优雅迷人的连衣裙→第7题
休闲风格的牛仔元素装→第8题

5. 暗暗喜欢上了女友的男朋友，你会？
尽量创造和朋友一对一起出去玩的机会，好偷偷观察、接近对方→第8题
要是自己真的深陷下去可不好，所以还是不再见面为好→第9题

6. 异性上司对你说："今天怎么看起来那么漂亮，是不是有什么事啊？"
迷人一笑："啊，那可是我的小秘密。"→第9题
面无表情："没什么。"→第10题

7. 和有可能发展为恋人的异性朋友约在一个酒吧见面，进去后发现有个服务生超帅，你会怎么做？
下次一个人的时候再去一次→第11题
用手机拍下来，回去给朋友看→第8题

8. 约会对象给你发了条短信，告诉你今天的约会很棒，很开心，

可事实上,你却觉得很糟糕,你会:
　　回他一条:"我也很开心啊。"→第11题
　　不回复→第12题

　　9. 男友对你下命令说:"不要再穿超短裙了。"你会:
　　真的就不再穿了→第12题
　　没什么,继续穿→第13题

　　10. 你觉得更令人辛苦的,是下列哪一种情况?
　　远距离恋爱→第13题
　　比朋友更亲近,却还没发展到你渴望的恋人状态→第9题

　　11. 你心仪的男人终于离了婚,你会有什么感想?
　　这下所有难题都解决了→第14题
　　还是先避嫌要紧,离他暂时远一点吧→第15题

　　12. 异性朋友带来一个据说是他好朋友的家伙,超级出色。你还想见到他,你会怎么做呢?
　　过一段时间以后,通过异性朋友联络他→第16题
　　问出他的联系方法后,直接联系他→第15题

　　13. 别人向你表白时,你觉得哪种表白方式比较好?
　　邮件或者短消息就可以啊→第16题
　　还是当面直接说清楚的好→第12题

　　14. 心仪的他告诉你:"那部电影真的很不错!"你会怎样做

呢?

央求他:"和我一起再去看一次吧。"→A选项

自己马上跑去看后,发短消息告诉他:"真的是很不错。"→第15题

15. 你至今为止的男友中,比较多的是哪一种类型呢?

沉默寡言的比较多→A选项

能说会道的比较多→B选项

16. 可以免费体验一次的话,你会选择下列哪一项?

明星俱乐部,和明星近距离接触→C选项

美容院全身按摩→D选项

 测试分析:

A选项 遇到纯爱可能性:★

其实你是超级恋爱敏感体质!你眼观六路耳听八方,对恋爱的感应度太灵敏了,只要对方稍有流露,你绝对不会让任何机会溜走。你制造邂逅的本事堪称一流,从开会时认识的其他公司员工到咖啡馆里坐在你附近的家伙,你都会制造可能。无论在什么场合什么时间,你都是可以玩弄爱情于股掌之上的"达人"。所以,脚踩何止两条船!即使表面清纯,你的内心也已经沧桑不已,所以,纯爱这种故事怎么可能在你身上出现?!

B选项 遇到纯爱可能性:★★

你有善解人意、直指人心的特质,对恋爱的敏感度也不低,你最擅长的是"被动诱惑",只要别人对你产生了某种程度的好感,你就

能立刻准确捕捉到。因为能第一时间把握到对方的感觉,你会投其所好,吸引对方主动向你表白。不过,因为你擅长心灵解读,并不完全依靠技巧取胜,内心还有一定的柔软度,所以发生纯爱的可能性还是有一些的。能让你心动的纯爱对象往往是害羞男,他们的情感大抵不外露,反而吸引你逐渐深陷。

C选项 遇到纯爱可能性:★★★

在别人眼中你属于比较后知后觉的类选项,但其实你并没有迟钝到那个地步,你只是表面上大大咧咧,心无城府。虽然可能有过几次恋爱经历,但你的纯爱指数仍然较高,这是因为你对爱情相当专一,但凡有了相爱的恋人,你对其他人哪怕条件再好,也是完全不上心的。一旦投入一段感情,你可以做到完全不介意周围人的眼光、评价。你对爱情的条件也很精神化:只要对方明确告诉你那三个字即可。

D选项 遇到纯爱可能性:★★★★

能产生纯爱的人,大抵都有点"一根筋",你就属于这种哦。你天生有种排拒人的凛然气质,不爱的人主动约会你或者夸奖你,你都会冷冷回应,内心也不会为之窃喜。但其实你外冷内热,内心充满浪漫清纯,一旦真正打动你,你就会不顾一切为对方付出。当然,表面上你还是比较被动和矜持。像你这样的女孩最吃亏,因为即使一段感情伤你至骨,你也会咬咬牙自己扛过去,表面还不动声色。

你未来老婆是美还是丑?

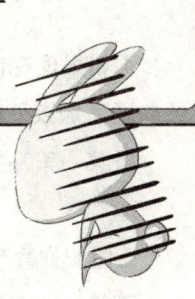

好奇你未来的老婆长什么样子吗?俗话说:相由心生。她的样子给你的感觉很大程度上也跟性格有关哦。看看你未来的另一半会是什么样子的人吧。

1.假如你有一个最好的朋友在澳大利亚留学,你最希望他从澳大利亚回国的时候带给你什么礼物呢?

植物精油、绵羊油、羊胎素等当地特产→第2题

还是奶粉实惠些→第3题

2.你喜欢打牌吗?你的牌瘾大吗?

不打→第4题　　打→第5题

3.公交车上,你的妈妈不小心撞到了一个美女,美女张口就骂你妈,你会怎么办呢?

你也骂她→第5题　　打她一巴掌→第6题

4.如果现在你肚子饿了,在你面前有一碗香喷喷的面,你一定不会向里面加以下哪种材料呢?

香菜→第7题　　葱→第8题

5.假如你喜欢的人去了国外,你会怎样做呢?

不管对方喜不喜欢自己,放弃一切,包括事业,追随他→第8题

不放弃事业,留在国内,默默地祝福他→第9题

6.假如你爸爸是公安局长,但是你喜欢的那个人的爸爸是黑社会老大,你认为你们之间有结果吗?

有的,爱情和上一辈人无关→第9题

没有,除非她能大义灭亲,你们之间才能幸福→第10题

7.如果有一天你特意去拳馆学跆拳道,你觉得你是为了什么目的呢?

防身→第11题　　个人兴趣→第12题

8.你认为下面什么表现才是最深爱一个人的表现?

愿意为了他而死→第12题

为了他而奋斗→第13题

9.你觉得女生直发漂亮还是卷发漂亮?

卷发→第13题　　直发→第14题

10.应女友要求你们在家中养了可爱的小兔子，一天你在给兔子喂食的时候一不小心被兔子抓伤了，你会怎么处理伤口？

在伤口上涂红药水算了，没什么大不了的→第14题

马上去医院打针→第15题

11.在火车站，有一个男孩和女孩。在检票口，女孩对男孩说："我没事了，你回去吧。"男孩说："好。"之后，转身就走。女孩在男孩走后悄悄自言自语说："还真走了啊。"然后不禁回头观望。你觉得究竟是男孩不解风情还是女孩不表露真实想法呢？

男孩的错→第16题　　女孩的错→第17题

12.下面两个情歌天后你更喜欢哪个？

王菲→第17题　　梁静茹→第18题

13.说到rose让你第一个想到的词是什么？

玫瑰→第18题　　肉丝→第19题

14.两个人拍拖，如果大家都没有什么钱，你认为这种恋情还能继续下去吗？

能，爱情和金钱无关→第19题

不能，贫贱夫妻百事哀→第20题

15.如果飞机上有烧饼可以选择的话，你会选择点它吗？

可以尝试一下→第14题

不喜欢→第13题

16.一天算命的风水先生说:"如果你想要发财,你就必须远离异性。"你会相信吗?

不管是不是真的,都远离异性吧→C选项

拥有伴侣是我最大的财富→D选项

17.如果你爱上了一个肯定你和她之间不会有结果的异性,你会怎么做?

马上离开→A选项

不顾一切地跟她在一起,以后的事情以后再说→D选项

18.你在路上捡过的最大的一笔钱是多少钱呢?

十元钱以上→C选项

十元钱以下→D选项

19.如果你被导演挑中要去拍电视剧,做里面的男主角,好人和反派,你愿意演哪个?

好人→C选项　　反派→B选项

20.如果神告诉你,你无论怎样死后都要下地狱,你怎么办?

做的比原来更好、更友善,没准儿会有转机呢→C选项

不管这些,我原来什么样还是什么样→A选项

 测试结果:

A选项

她的气场很强大,虽然算不上是貌美如花,却有另一番滋味。自尊、自信就像烙印一样深深地刻在她的脸上。她的打扮很有自己的品味,虽然有的时候和大众审美格格不入,但这并不影响她的自我欣赏以及孤芳自赏、对影自怜。她常以荷花自比,在这个庸俗的尘世中,唯有她这样的人才能够做到出淤泥而不染。这样的女人能够嫁给你实在是自我牺牲太大了,你可要好好珍惜。

B选项

她的性格有些跋扈,一副得理不饶人的模样,这和她的长相很不相符,从外表看起来她是那么的小鸟依人,一副需要人照顾的模样。但她却不是一个不讲道理的人。聪明的男人往往吸引不了她,因为她已经足够聪明,相反她喜欢木讷一些、老实厚道的异性。如果你不是一个老实人,那么你一定很会伪装自己,起码把她给骗了。她最与众不同的地方就是她能一眼看出你的软肋在哪里,十之八九你不是她的对手,如果婚后你不老实的本性表现出来,那可就有你受的了。所以要装就装到底吧。

C选项

她长得很像卡通漫画里面的阳光帅气的人物,额前的碎发挡住她那些许迷离而又智慧的眼神,消瘦的身材让人怜惜。她可不是一个简单的人物,在黑白两道男女通吃,不管是男人还是女人,她都有不少自己的粉丝和追求者。世界上很少有这种魅力不可抵挡的女人哦,她简直就是——春哥第二。娶这样一个人做老婆,你的压力还是比较大的。

D选项

她可是一个标准的美女,无论你从哪个年代的标准来衡量,古代的或者现代的,文人墨客眼中的或者是青楼花魁的标准,她的长相和身段都当之无愧能够拔头筹。她的美是那么不真实,好像是从画中走出来的一样,但是又那么真真切切地站在你的身边,让你似梦似醒,如痴如醉……不知道你从哪里得来的如此好福气,能有如此美女陪伴在身边。不过她虽然不是画中人,但是却是从古代穿越来的,并且你们的爱情只能存活五年哦,五年之后要么你孑然一身,要么你可以和她一起回到古代,过着砍柴种田的日子,她可不是什么富家女,家里有一堆弟弟妹妹需要你养活呢。

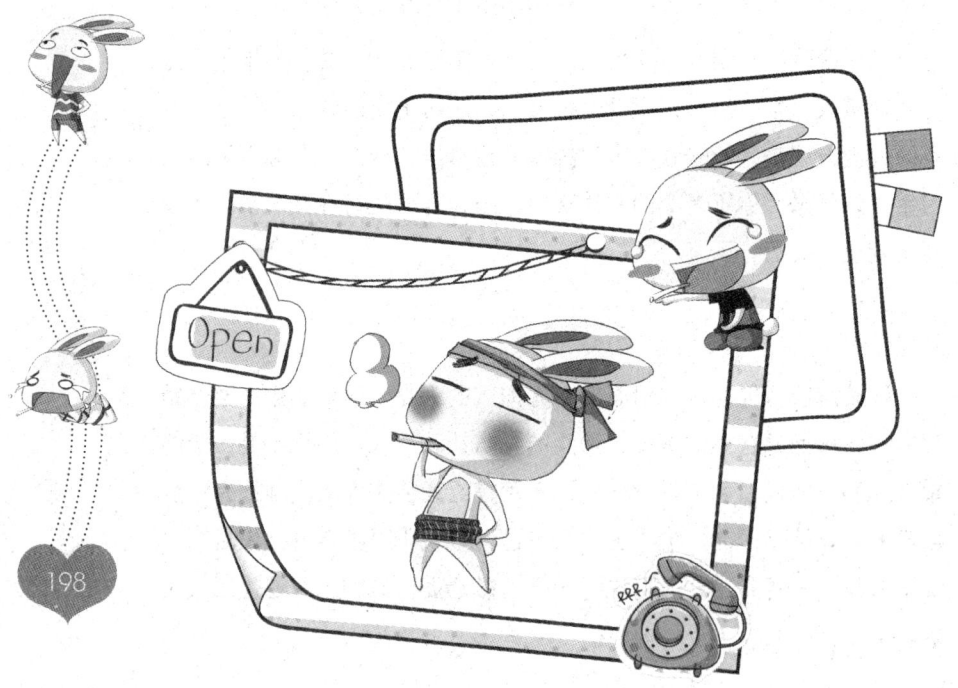

你的心灵属性是什么？

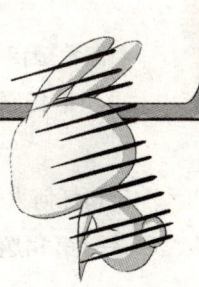

　　你的脾气好吗？每个人心灵元素所占比例不同，会导致性格上的差异。比如有些人心灵的阳刚之气过重，脾气就会偏火爆；如果是阴柔之气比较重，就会显得更温柔。

1.下列两种食物，你更喜欢哪个？
奶油泡芙→第10题
吞拿鱼三明治→第2题

2.你会体罚自己的孩子吗？
会→第11题
不会→第3题

3.你不会做一些没有用的傻事吗?
是→第12题　　否→第4题

4.你希望自己的双手很柔软吗?
是→第13题　　否→第5题

5.和任何人相处,你都能保持融洽关系吗?
是→第14题　　否→第6题

6.心情好的时候,你的工作效率也会高一点吗?
是→第15题　　否→第7题

7.有个声称是死神的人出现在你面前,你会相信他的话吗?
会→第16题　　不会→第8题

8.小时候,你每次总会在寒假快结束的时候赶作业吗?
是→第17题　　否→第9题

9.假如你是刚被释放的囚犯,走出监狱后,你会想?
赶快回家→第18题　　不知所措→第10题

10.生气的时候,你会想砸什么东西来发泄?
玻璃杯→第19题　　玻璃窗→第11题

11.你常常会忘记自己说过的话吗?

是→第20题　　否→第12题

12.你有看新闻的习惯吗?
有→第21题　　没有→第13题

13.你是个十分敏感的人吗?
是→第22题　　否→第14题

14.你的头脑反应很灵敏吗?
是→第23题　　否→第15题

15.你的胃口会受心情影响吗?
会→第24题　　不会→第16题

16.你喜欢吃卤味吗?
是→第25题　　否→第17题

17.熟悉的人突然对你说他暗恋你,你会?
觉得他是开玩笑→第26题
避开他→第18题

18.你认为下面哪个名字更适合小狗?
康康→第27题　　笨笨→第19题

19.你认为男生应该比女生高出多少,才会令女生有安全感?
一个头→第28题　　半个头→第20题

20.你肯轻易原谅别人吗?
肯→第29题   不肯→第21题

21.喜剧片和科幻片相比,你更喜欢看科幻片吗?
是→第30题   否→第22题

22.你喜欢几米的漫画吗?
喜欢→第31题   还好→第23题

23.你的兴趣爱好很广泛吗?
是→第32题   否→第24题

24.你有时候会很天真,而有时又很成熟吗?
是→第33题   否→第25题

25.你最喜欢的床是硬木的还是软体的?
硬木→第34题   软体→第26题

26.通常你会带哪种纸巾?
干纸巾→第35题   湿纸巾→第27题

27.最近一次和你谈心的对象是?
朋友→第36题   恋人→第28题

28.你会很期盼下雪吗?

是→第37题　　不会→第29题

29.如果下列两种动物可以做宠物，你愿意养哪种?
狮子→第38题　　树袋熊→第30题

30.电影和电视剧，你比较喜欢看电影吗?
是→第39题　　否→第31题

31.钢琴和大提琴，你更喜欢哪个?
钢琴→第40题　　大提琴→第32题

32.你对凡事都抱着顺其自然的态度吗?
是→第41题　　否→第33题

33.不是所有朋友对你的评价都是大体一致的吗?
是→第42题　　否→第34题

34.以下两种化妆品必须放弃一种，你会放弃?
唇膏→A选项　　睫毛膏→第35题

35.睡觉的时候，你会：
穿少量衣服→B选项　　裸睡→第36题

36.你会捡流浪狗回家收养吗?
会→C选项　　不会→第37题

37.你会想很多办法让自己变成乐观的人吗?

是→D选项　　否→第38题

38.你的情绪能在很短时间内转换吗?

是→E选项　　不能→第39题

39.你最喜欢的季节是夏天吗?

是→F选项　　否→第40题

40.在月台看到一对男女依依不舍地道别,你认为他们的关系是?

恋人→D选项　　姐弟→第41题

41.你认为凡事都应该要公平吗?

是→C选项　　否→第42题

42.你算是脾气很大的人吗?

是→B选项　　否→A选项

 测试分析:

A选项

你的脆弱大过于你的坚强,你的内心比较女性化,你很温柔细腻,也很矜持,偶尔的一点刚强也是在勉强自己。就算你从不会当着他人的面哭泣,但背着人的时候你也流过不少的泪水。多愁善感的你心灵中没有太多阳刚之气。

B选项

不管你是不是会向朋友抱怨自己的生活，不管你是不是会对某些事感到灰心丧气，实质上你都很坚强。也许在经历风雨的时候你会有一点觉得扛不住，但你却总能挺过去。前一秒还在流泪的你，后一秒就可以自己包扎伤口，然后继续前行了。

C选项
简单地说你就是一"纯爷们"，无论是外在表现出来的性格还是内心最深处的个性，你都很阳刚。你不轻易动怒，但你发火的时候绝对的惊天地泣鬼神。你有很强的责任心，你懂得凡事三思而后行。你的理性决定了你心灵是完全的阳性。

D选项
你柔弱而温顺，你时刻需要被人保护，你的细腻和敏感让你常会因为小事情而感伤。你比较情绪化，心灵中的理性成分很少。要使自己能快乐，还是不要这么多愁善感为妙。

E选项
有的时候你很感性，有的时候你又很理性。你的性格令人难以琢磨，但绝对自我中和得很好。你能自我平衡，让你的生活既不呆板单调，又不太富于戏剧化。你能安慰自己，也能取悦自己，为人处世也恰到好处。

F选项
你很情绪化，你的个性时而张扬，时而内敛，时而乐观，时而悲观。你有时候很坚强，坚强得令人佩服，有时候又很脆弱，脆弱得让人觉得不可思议。你的心灵属性很不稳定。

测试你和哪种人最配?

每个人都有自己独特的性格,你的性格和什么样的人是最合拍的呢?

1.你会想和哪一种异性约会?
看起来老实又内向的→第2题
爱玩并懂得打扮的→第3题

2.有个人边看表边跑,他迟到了5分钟,你觉得他心里怎么想?
晚5分不算迟到→第4题
糟了!迟到了!→第5题

3.有个家庭主妇正在打扫卫生,你觉得她正在怎么想?

我要扫得一尘不染→第6题

差不多就行了,做完可以去看小说→第4题

4.有个女生从你身旁经过,飘来一阵很香的味道,你觉得是哪一种香味?

甜甜的果香→第7题

清淡的花香→第9题

你和朋友一起去吃饭,付了钱走出餐厅才发现店员少找你10元,这时你会?

返回去向他要回来→第9题

才10元就算了→第8题

6.有一只鸟从鸟笼飞走了,你觉得:

这只鸟一定会再回来→第7题

不会回来了→第10题

7.看到有人顺手把垃圾丢在路上,你有什么感想?

不能原谅这种人→第12题

没什么感觉→第10题

8.朋友到你家作客,你喜欢收到哪一种礼物?

鲜花或装饰品→第16题

蛋糕或食物→第11题

9.你在半夜边看书边窝在棉被中想事情,后来会:

多半会睡着→第12题

会越来越清醒→第8题

10.假设你现在正在逃命,你认为是什么东西在追你呢?

狮子或老虎→第13题

怪兽哥斯拉→第14题

11.你看到地面上有洞时你会怎么想?

洞里有什么东西?→第15题

太危险了,还是赶快盖起来吧!→A选项

12.书架上的书倒了,看起来乱七八糟,这时你会马上整理吗?

会→第16题

不会→第13题

13.有个人正对另一个人说悄悄话,你认为他听了之后的反应是:

忍不住大笑出来→第17题

皱起眉头一脸沉重→第18题

14.有个女人拿刀对着一名男人,这个女人会对他说什么?

"我恨你,所以我要杀了你!"→第18题

"再过来我要刺过去了!"→D选项

15.你想找工作,下面两家公司你会选哪家?

能让人成长的公司→D选项

稳定的公司→B选项

16.朋友请吃晚餐,你已经很饱了,他却一直劝你吃甜点,这时你会:

再饱也会吃→第17题

很果断地拒绝→第15题

17.买新电器后,关于说明书,你会:

使用前一定先看仔细→C选项

很少会看→B选项

18.下面哪一种人令你无法忍受?

小气又啰嗦的人→D选项

做事随便的人→C选项

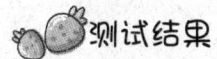测试结果:

A选项

你在爱情中的表现显得相当笨拙,只要在心仪的人面前就会故意装出一副很强悍的样子,这样喜欢逞强的你,正需要一个比你强悍、可靠的伴侣。最好是那种有一点粗鲁,但是身体非常的健康、性格开朗、体力超好、不会弱不禁风的那种类型。

B选项

你最重视的就是两人的兴趣和感觉合不合。你比较欣赏重视自己的工作、拥有自己一片天地的异性,希望他对不管是文学还是艺术都

保持有高度热情。你喜欢两个人一起去欣赏电影，或是听听演唱会，享受悠闲知性的时光。要找你的另一半，过幸福的婚姻生活的话，当然是非这种人莫属啦！

C选项

认真和意志坚定的人是你的最佳人选。如果你要结婚，那种对家庭和工作具有强烈的责任感、在公司也很受上司信赖的人是你的第一选择。在婚前你可能还会很坚持男女平等，并提出种种你的原则，一旦结婚之后，你就会愿意为了对方和家庭去做任何的事情。

D选项

你是一个很容易一头栽进兴趣之中的人，这样的你需要一个可以尊重你的兴趣和工作、百分之百支援你的伴侣。你不喜欢两个人腻在一起，希望彼此能保有适当的距离，所以拥有一身专业技术和知识，抱着就算是两个人在一起也可以彼此拥有自己的空间的思想的异性，是你的最佳人选。

你不快乐的根源是什么？

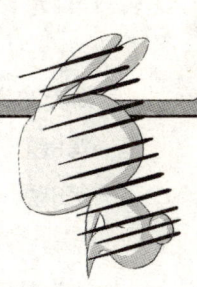

IQ、EQ……各种"商"数指出你的心智与情绪指数，但你可知道自己的HQ（happiness quotient / health quotient）有几分？看起来乐观且开心的人，到底内心是否也同样充满愉悦的因子？还是说，那一切只是武装自己的保护色？通过测试，为你揭晓你不快乐的前因后果。

1.在朋友眼中，你属于挑剔一族吗？
是→第2题
否→第5题

2.遇到失败，你的第一个念头就是落跑？
是→第6题
否→第3题

3.你是朋友的智囊军师,有事总寻求你的建议?

是→第7题

否→第4题

4.觉得大部分的朋友都比你幸运?

是→第8题

否→第6题

5.你认为自己的外在条件还算不错?

是→第9题

否→第6题

6.你是外貌协会成员,长相不佳的人休想当你的入幕之宾?

是→第7题

否→第10题

7.只要一工作,你就会忘记其他事物?

是→第10题

否→第11题

8.你懂得适时在办公室"装死"的哲学?

是→第11题

否→第12题

9.你是朋友的情绪垃圾桶?

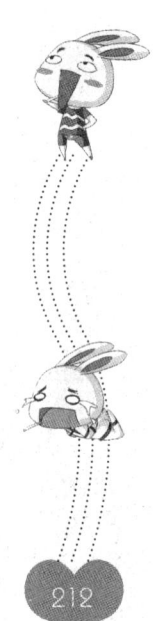

是→第14题

否→第13题

10.公事上你绝对公私分明?

是→第14题

否→第9题

11.只要一外宿就常失眠?

是→第12题

否→第15题

12.对于境遇比你好的死党,心里会有点小不是滋味?

是→第15题

否→第16题

13.和人舌战辩论是你的生活乐趣之一?

是→第18题

否→第17题

14.你认为内八字比外八字看起来优雅?

是→第18题

否→第15题

15.你是生活资讯收集狂?

是→第19题

否→第16题

16.你的朋友不多却都是可推心置腹的好友?

是→第19题

否→第20题

17.只要一饿,血糖降低就头昏眼花?

是→第21题

否→第22题

18.喜欢热食胜过冷食?

是→第17题

否→第23题

19.常因心直口快而得罪人?

是→第23题

否→第24题

20.习惯在餐馆吃,很少自己做饭?

是→第19题

否→第24题

21.一天不看新闻或不上网就浑身不自在?

是→第25题

否→第26题

22.为了玩乐,熬夜不是问题?

是→第26题

否→第21题

23.常看购物频道,却从未下手购买?

是→第27题

否→第24题

24.认为八卦杂志还颇为好看?

是→第28题

否→第26题

25.假日只想赖在家休息补眠?

是→第26题

否→A选项

26.极有长辈或小孩缘?

是→C选项

否→B选项

27.有机会你还想去念书进修?

是→D选项

否→C选项

28.若没有时间压力,你会想搭哪种交通工具去旅行?

搭火车→E选项

搭飞机→第27题

测试结果：

A选项 金钱

身边没有足够的财富可供挥霍，是你不开心的根源。老担心钱不够用，或明明存款惊人，却仍担心养老金不足、有人会拐骗你的钱，因而尽管你的EQ颇高，但还是无法不烦恼。想要清除这种来自于财富方面的恐惧与不安全感，就要清楚财富的多寡不是快乐的唯一指标。

你可通过培养个人兴趣，来改善内心的不踏实，例如游泳。虽然这种方式看似老土，却能有效降低内心的焦虑或不安情绪。你还可以通过理财课程，加强自身理财能力，有助于你从中解套。

B选项 工作

工作，几乎已经占去你所有的时间，不论是已经失业，担忧找不到工作，还是于职场上打拼，担心工作表现不佳等，你过分期望能受到他人的赞赏或器重，所以一旦不顺心或被裁员、减薪，便顿时失去对自我的信心，一蹶不振，什么事情也无法让你再开心起来。

尽管工作与财富的累积有着密不可分的关系，但是你要知道工作是否开心并非取决于薪水收入，而是能否从中得到成就感的满足。不管做什么事情，成就感都能激发一个人不断向上，能于其中找寻乐趣很重要。另外，还需厘清职业并不能决定个人的价值与身份，常有人会以传统阶层的重要性，作为评断个人的唯一指标，为求有漂亮的工作经历，反而出现无法接受或热爱自己的情形，所以建议要尝试培养你的休闲身份，开发不一样的自己，学习喜爱自己，这才是必修的快乐学分。

C选项 家庭

家庭是你的生活重心，若要你在家庭与事业之间择一，家庭绝对是优先选择。与家庭成员的关系，往往是你所有力量的来源，一旦出问题，你便会立刻陷入困惑之中，且受影响程度也会较一般人来得多。

家人间的亲密关系是否良好，是影响人快乐指数高低的主因。俗语说得好，家家有本难念经。懂得珍惜与付出，是学习与家人和谐关系的重点。学习感激，不但有助于维系家庭生活的愉悦度，还能强化对外界人、事物的抗压能力，若遇争执或被爸妈、另一半管束时，试着以第三者的角度，写下值得感激或开心的事，不论是对家人、朋友，还是自己，在睡前重新看过你写下的事，练习态度乐观，一段时间之后，你将会发现，当从不同角度来看待事情时，结果和快乐的感受都将大不相同。

D选项 爱情

职场上，你是人人眼中干练的女强人，可偏偏感情是你的死穴，虽然你有时也想当个被好好宠爱的小女人，但能被你看上眼的男人少得可怜，或是你爱的人总不懂得欣赏你。

从古至今，相信没有人不曾受过感情的困扰，然而究竟该如何从感情的牢笼中挣脱，让它也能成为你快乐的来源？别无他法，唯有懂得喜欢自己。因为通常感情出问题，不论原因在于自己还是对方，只有清楚自己要什么、充满自信有安全感的女人，才能够从容不迫地解决。以第三人的角度去观察，将有助于了解事情本质，寻求理想的解决之道。另外，学习爱情保鲜计划，也是一个维系感情的方式，每天三次，一次三分钟，以肢体表达、言语沟通，让对方清楚地知道你的关心，更是拥有长久爱情的好方式。

E选项 人际关系

以和为贵是你信奉的人生哲学,但若你在乎朋友的感受胜过于自己,那么就会被恶人吃定,逼得你很哀怨,又只能咬牙忍耐,时日一久会使你罹患重度内伤。

要懂得没有人可以独自生活,但因每个人都有自我意识,千万不要期待别人会如何改变,或是要掌控别人。就算你能够限制他人的行为、时间,但也绝对无法改变他内心的思想,那么究竟该如何进入一个团体,或者是结交真正的好朋友呢?方法很简单,就是敢于自我揭露、倾诉与关心他人。首先对周围朋友产生极高的好奇心,然后将你所认识的人做小小的等级分类,找出与你沟通较好的对象,主动关心、倾诉,自然能提高和他人内心的共振。此外,避免因为过度在意别人的评价而极度没有安全感,勇于承认自己的缺点,甚至偶尔可无伤大雅地开开自己的小玩笑,久而久之,你会发现不一样的自己,在人群中还能更开心,有自信。

透视你的优缺点

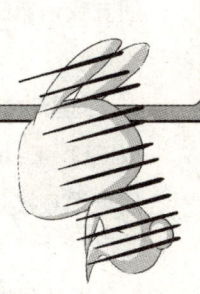

每个人身上都有优缺点,正如一个硬币有正反两面一样。而在认识别人或者自己时,人们却常常一面倒地只看到缺点或者优点,这是不客观的。赶快完成以下的测验,来透视你的优缺点吧。

1.放假时你会想去哪里玩?
游乐场→第1题
看电影或逛街→第2题

2.若要帮妈妈做家务,你会选择做哪一样?
洗碗→第4题
洗厕所→第6题

3.与朋友一起看DVD，一般会选择在哪儿看?
在自己家→第3题
朋友家→第6题

4.若向喜欢的人表白，你会用什么方式?
以ICQ、E-mail或书信告白→第7题
用电话直接告白→第6题

5.有异性向你表白，你会先告诉谁?
好朋友→第8题
家人→第5题

6.你喜欢看哪类书?
爱情小说→第9题
悬疑推理小说→第10题

7.如果有人说黄色笑话，你有什么反应?
第一时间离开→第7题
默不作声，在一旁听→第5题

8.睡觉时你会穿什么衣服?
运动衫或裙子→第10题
睡衣→第11题

9.买衣服不知该挑哪一件时，你会问谁的意见?

店员→第5题

同伴→第12题

10.对你来说,下面哪一样东西比较重要?

相册→A选项

饰物→B选项

11.你会去看哪一项运动比赛?

排球→C选项

羽毛球→B选项

12.若和家人去旅行,你会去哪里?

去温泉区悠闲地度过→D选项

到名胜景点观光→C选项

测试答案:

A选项 温柔的爱哭鬼

温柔是你的一大魅力,你对任何人都十分亲切,所以大家都很喜欢你,而你也乐于助人,看到别人有困难一定不会袖手旁观。但爱哭的你感情十分丰富,一点小事都会令你大哭一场,看书、看电影更是你尽情流泪的时候。

B选项 可靠的朋友

你是朋友、同事的顾问和智囊,只要一遇到问题,他们一定会第一个想起你。很多时候你都会提出中肯的意见,朋友们视你如良师益友。但你有时会很慌乱,又有马虎的一面,不过这些都是在一些小事

上，要不大家怎会让你当顾问呢?

C选项 没耐性的开心果

你是大家的开心果，任何时候都是话题多多、快乐无比，脸上常常挂着阳光般的灿烂笑容。但你的弱点是没有耐性，对人对事总是三分钟热度，很快就会厌倦，做事也容易半途而废。

D选项 啰嗦的工作狂

努力、认真是你的最大优点和魅力，做任何事情你都会全力以赴做到最好，绝不会半途而废，而且你做任何事都有好成绩，因此常常成为别人的偶像。但啰嗦是你的缺点，如果你要解释什么，一定会长篇大论、滔滔不绝，像老太太一样啰嗦。

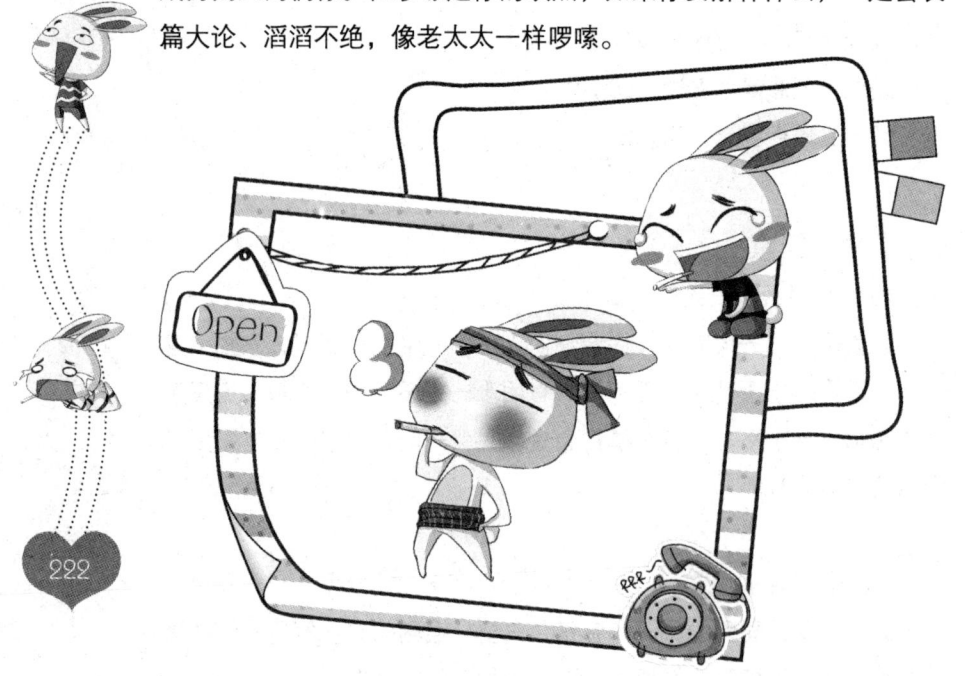

你是个讨人喜欢的人吗?

你讨人喜欢吗？一个人的吸引力是由他的性格魅力决定的。有的人性格天生具有亲和感，容易让人亲近；有的人性格孤僻，会带给别人一种疏离感。你是什么样的人呢？喜欢你的人多吗？

1.你有吃早餐的习惯吗?
有→第2题
没有→第3题

2.你曾经养过宠物吗?
有→第7题
没有→第3题

3.你有过打工的经历吗?

有→第7题

没有→第4题

4.你有运动细胞吗?

很好→第8题

不好→第5题

5.你现在正在减肥吗?

是→第9题

否→第6题

6.你认为去看电影的时候,一定要吃喝东西才过瘾吗?

是→第9题

否→第10题

7.你觉得地球上不曾出现过外星人吗?

是→第11题

否→第8题

8.你有很多异性朋友吗?

是→第12题

否→第9题

9.你很少看漫画吗?

是→第13题

否→第10题

10.你到KTV就会唱个不停,很难停下来吗?

是→第13题

否→第14题

11.你喜欢吃三明治吗?

是→第14题

否→第12题

12.你很会自创不同的料理吗?

是→第15题

否→第13题

13.你很会画插图吗?

是→第16题

否→第14题

14.你很喜欢格子的图案吗?

是→第16题

否→第18题

15.你很想到国外去读书、工作吗?

是→第19题

否→第16题

16.你曾经参加过某个明星的影迷俱乐部或流连于明星的网站吗?

有→第20题

没有→第17题

17.你常因感动而哭泣吗?

是→第21题

否→第18题

18.你曾经处在脚踏两条船的感情状态吗?

是→第21题

否→第22题

19.你觉得生活中没有手机会非常不方便,也很困扰吗?

是→第23题

否→第20题

20.你很注意理财和财经资讯吗?

是→第24题

否→第21题

21.你喜欢看恐怖片吗?

是→第25题

否→第22题

22.你不喜欢喝咖啡吗?

是→第25题

否→第26题

23.你喜欢喷香水吗?

是→A选项

否→B选项

24.你有5瓶以上的保养品或化妆品吗?

是→C选项

否→D选项

25.你是一个不怕麻烦的人吗?

是→E选项

否→F选项

26.你常被别人邀请去参加活动吗?

是→G选项

否→H选项

 测试结果

A选项 很会照顾别人的领导派

不管是在熟悉还是陌生的环境你都会主动和别人打招呼,有问题发生时,你也总是毫不犹豫地冲向前去解决,喜欢享受别人叫你"第一名"的得意滋味。你天生就具有领导的性格,在团体中常处于指挥的地位,容易被别人信任。

B选项 不知道烦恼为何物的乐天派

你属于自来熟那一类的人物,没事也会找事做,没话也会找话讲,有你在的地方就有笑声。你的人际关系不错,大家都蛮喜欢和你相处,而你也总是开朗大方,所以朋友很多,常常有参加不完的聚会,让你疲于奔命。

C选项 择善固执的坚持派

你很注意流行资讯,只要有人和你聊这样的话题,你一定可以马上和他成为无话不谈的好朋友。你是很有原则的人,只要不和你的原则冲突,你什么事都好商量,可是如果一旦违背你的原则,那就什么也没得谈了。

D选项 积极努力的认真派

你是一个很守规矩的人,自我要求很高,同时对别人也不会放松。你喜欢自我约束力高的人,个性随性、行动慢的人是无法和你成为朋友的。你非常努力,是别人眼中的好宝宝,但常因为太过专注于学习,而忽略了人际关系。

E选项 开朗没心机的情绪派

你对人没有什么特别的好恶,不过,如果有人能和你聊聊有兴趣的话题,你会欲罢不能地和他马上混熟。别人和你相处的感觉都会觉得很舒服,所以你很容易交朋友,就算你不积极地拓展人际关系,它也会不请自来。

F选项 洞察人心的神秘派

在团体中，你的话并不多，甚至别人对你的印象都是神秘的。其实你并不是不喜欢和别人在一起，只是你喜欢躲在一边观察，所以你非常能看出别人心里在想什么。你也喜欢和别人讨论命理、星座、占卜之类的学问。

G选项 无忧无虑的天真派

你是一个没心眼的人，想法单纯，凡事都不会有计划或想太远，属于今朝有酒今朝醉的类型。原则上，你的朋友都会蛮喜欢你，只是有时候你的天真可能会为别人带来一些不必要的麻烦，只是你常常自己都搞不清楚。

H选项 和善亲切的自然派

你是一个很温和的人，不会带给人压力，对朋友很体贴，具有同情心。任何人来找你帮忙，你都会尽可能地提供自己可以付出的力量，不求回报，也不会不耐烦，所以你的人际关系很好，是许多人的情绪垃圾桶、心灵急救站。